[美]马伦·霍格兰 伯特·窦德生 著

洋洲 玉茗 译

后浪

生命的
运作方式

The
Way Life Works

Mahlon Hoagland
Bert Dodson

北京联合出版公司
Beijing United Publishing Co.,Ltd.

作者手记

我们两人，一个是生物学家，一个是画家。1988 年初次相遇的时候，我们马上发现两人都对生物的同一性极为着迷。从深层次上讲，所有的生物——从细菌到人类——不但是由相同的材料构建成的，而且采用相同的方式运转着。这真是太奇妙了！

很快，我们开始探讨如何把我们的惊喜分享给别人。我们认为应该让科学和艺术来一次亲密接触。通过这种方式，我们希望能够帮助读者深刻地理解自然，从而使他们充分地享受自然之美，同时使他们的生活更加丰富多彩。

一开始，科学家是老师，艺术家是学生。两人努力地解释、提问、搜索，并且争论。有一天，伯特拿出了两幅图画，刷新了马伦自以为对生物的认知；于是艺术家变成了老师，科学家变成了学生，新的一轮讨论又开始了。我们的自信心不断强大。我们探索、筛查、梳理，最后汇聚成我们对生命运转方式的完整理解。

科学家希望读者们能对科学探索的成就和人类不断加深认识的能力感到敬佩和骄傲。另一方面，艺术家则看到一种可能性，即让大家们领会到人类与生命世界的同一性，进而让这样的领会引导我们在共同创造未来的过程中产生的个体行为。我们希望读者们能在这两个方面都有所收获。

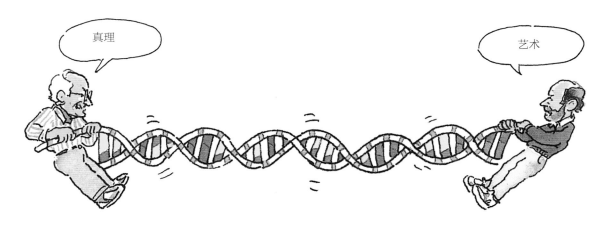

鸣谢

我们感谢以下这些同事和朋友对这本书各部分所做的评论，使我们在此过程中学到了很多：南希·布赫、威廉·克雷恩、利兹·戴维斯、杰里·格罗斯、比尔·莱顿、贝丝·卢纳、恩斯特·迈尔、奥希娅·皮尔曼、雅维耶·佩纳洛萨、谢尔顿·彭曼、奥斯卡·斯科涅克、沃尔特·斯多克迈尔、基普·斯拉德尔、伯尼·创普尔和乔治·惠特曼。

特别感谢索鲁·佩德森、朱迪·浩克、斯科特·多德森、杰夫和艾比·罗宾斯，感谢他们持久的兴趣、鼓励和富有价值的建议。在过去四年里，苏·里克作为秘书提供了大量帮助。邦妮·多德森、约翰·斯蒂芬斯和莫里亚·斯蒂芬斯也给出了宝贵的协助以完善插图。

贝茜·波鲍特是时代图书公司的编辑，她给了我们可靠的指引，并大大提升了我们对普通读者需求的敏感性。山姆·沃恩，兰登书屋的编辑，则提供了积极又振奋人心的评价和建议；利弗兰书业的简·胡佛提供了极好的书籍装帧服务。

我们要特别感谢笑熊设计公司的梅森·辛杰、瑞秋·古登堡、鲍勃·楠尔和琳达·梅若毕丽，他们为这本书的每个细节设计都倾注了耐心和想象力。

吉尔·尼尔瑞姆是我们在帕尔默道奇事务所的代理人，她的能言善辩和古道热肠鼓舞了我们的士气。已故的刘易斯·托马斯帮助我们获得了理查德·劳斯博瑞基金会的资金支持，我们对此深表谢意；我们也很高兴蒙特什尔科学博物馆的主任大卫·高迪愿意让博物馆作为本书的赞助机构，并为本书的插图安排了展览。

最后，我们深深感谢我们的妻子——奥丽·霍格兰和邦妮·窦德生，感谢她们的爱心支持和帮助。

一个探索者应有的特质，是对复杂性的容忍和对矛盾的欢迎，而不是渴求简单和确定性。几个世纪前，当一些人停止了搜寻绝对真理，转而开始研究万物工作的原理时，现代科学便诞生了。奇怪的是，放弃追求绝对真理后，科学反倒开始取得进展，同时开启了人类对物质世界的探索。只有人们明白科学的暂时性，并愿意做出改变，甚至是彻底的变化，科学知识才能开始革新。讽刺的是，科学演变的弱点正是它力量的源泉。

—— 亨斯·帕格斯
完美的对称：探索时间的起点

这实在是件奇怪的事：大多数我们称为"虔诚"的感受，大多数神秘的呼喊——这是我们人类最珍贵、最常表现和最渴求的反应之一，其实都是我们在理解和试图表达"人与万物相联系，与一切已知的和不可知的真实有着千丝万缕的联系"时产生的。这个事情说起来简单，但实际上意味深远；对它的理解，已造就了一个耶稣、一个圣·奥古斯丁、一个罗杰·培根、一个查尔斯·达尔文和一个爱因斯坦。他们每个人都以自己的方式、用自己的声音，惊讶地发现并重申这个认识，即"万物归一，一即万物"。一只浮游生物，一道在海面上闪烁的磷光，一颗旋转的行星和处于膨胀中的宇宙，所有这一切都被富有弹性的时间之弦串在了一起。

——约翰·斯坦贝克
科尔特斯海的日志

中文版前言

马伦·霍格兰博士的愿望是写一本关于所有生物之间存在的共通性的书。通过描述隐藏于外在的多样性之下的内在相似性，他想使读者明白生命是如何使用相同的分子、相同的规律以及相同的约束来创造我们所看到的丰富多彩而又千差万别的世界。他相信，虽然在下一个四分之一世纪和那之后会有许多重要的科学发现，但是基本的故事不会改变。相反，它只会被放大并变得更丰富。

在本书第一版的时候，遗传学领域正在充斥着崭新的想法和实验方法。例如，那时人们认为人类基因组含有大约 7 万个基因，但是后来的人类基因组计划显示，该数目是相当高估的。实际上，我们只有不到 2 万个基因——与小鼠的基因数非常接近。使我们如此不同于小鼠的，是我们的基因具有"混合和匹配"的灵活性，使得各种位点和片段能够以复杂的方式排列组合。现在，随着新的实验技术不断发展，基因治疗已经成为常规手段。现在，将基因从一种生物体移动到另一种生物体中，已经变成极为常见的举措。动物已经被克隆。如今已经出现了拥有三个生物学意义上的父母的活的人类婴儿。DNA 甚至被用作一种计算工具。这些发展使得本书变得更加至关重要，因为这本书将基因和蛋白质的微观世界与植物和动物的宏观世界紧密地联系了起来。

在他的晚年，霍格兰博士是一位积极活跃的老师，到处宣讲着"生命是如何运作的"。他的女儿，著名的科普作家和编辑朱迪·浩克（Judy Hauck）以这本书为基础，写出了一个教科书版本，名为"探索生命运作的方式"。她目前正在创建本书中描述的 DNA、RNA 和蛋白质分子的教学模型（见 TeachDNA.com）。

霍格兰已于 2007 年去世。他是一位受人尊敬的科学家，转录 RNA 的共同发现者，还是一个鼓舞人心的老师。同时，他还是一位有爱的朋友和父亲。如果他知道我们的书已经接触到了中国的读者，他一定会万分欣慰。

伯特·窦德生（Bert Dodson）

朱迪·浩克（Judy Hauck）

简介
INTRODUCTION

　　想象一下，你正走在一片荒无人烟的沙滩上，突然看到一副鲸的残骸。时间、海浪和食腐的鸟类已经销蚀了它大部分血肉。你可能第一反应是同情这种与我们有血缘关系的哺乳动物，也可能很好奇到底发生了什么事——这只鲸身上有着怎样的故事？

　　当你观察这些骨骼时，它的样式将令你大为惊讶。构成这只鲸的胸鳍的骨头，可被分为三部分：靠近身体的一部分有一根骨头，中间一部分有两根平行排列的骨头，而最靠外的一部分更复杂，有五根呈放射状排列的比较细小的骨头。实际上，鲸胸鳍中的这些骨头和人的手臂与手掌非常相似。尽管比例大小不同，但二者的模式是惊人的雷同。

　　为什么鲸会有和你一样的手部结构？它们都没有指头，为什么还有指骨？这是否意味着我们和鲸之间存在某种亲缘关系？难道这种肢体结构早在鲸，甚至人类出现之前就已经形成？

唯一的主题

当我们深入思考生命时，我们会惊讶于生命的纷繁复杂——那无所不在的生物体多样性。关于自然的电视节目和图书，总是为各种生命体因适应地球环境而产生的千差万别而欢呼。但本书的主旨与此相反；本书要讲的是同一性。我们将聚焦于地球上任何角落的一切生命形态所共有的东西。

其实不只是鲸的鳍和人的手，连鸟的翅膀和蝙蝠的翼，甚至是几百万年前的生物变成的化石中，在骨骼方面都有同源的，或者说普遍的样式，这是我们最早观察到的生物的共同点。而且我们探索得越深，发现的共同点就越多。

每一种生物都由一个或多个细胞组成。细胞，这类微小又有生命力的实体，能够收集燃料和材料，生产可直接使用的能量，并不断生长和复制自己。所有生活的细胞，从表面上看，来自不同生物，如细菌、苍蝇、青蛙、人，或不同器官，如皮肤、肝脏、脑的细胞，都不一样，但细胞内部，使生命运作的分子和相互作用的过程却基本相同，或者极其相似。

由此我们可以得到两个结论：今天支撑着地球生命的基本结构和机制都适用于所有现存的生物；那些创造生命的过程，正如我们知道的，一直遵循着一套共通的规则。所以说，一

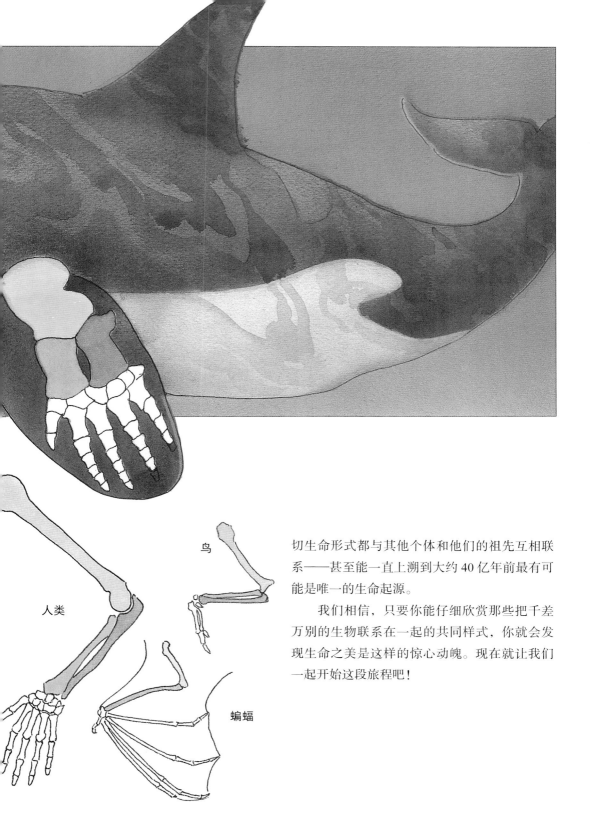

鸟

人类

蝙蝠

切生命形式都与其他个体和他们的祖先互相联系——甚至能一直上溯到大约 40 亿年前最有可能是唯一的生命起源。

我们相信，只要你能仔细欣赏那些把千差万别的生物联系在一起的共同样式，你就会发现生命之美是这样的惊心动魄。现在就让我们一起开始这段旅程吧！

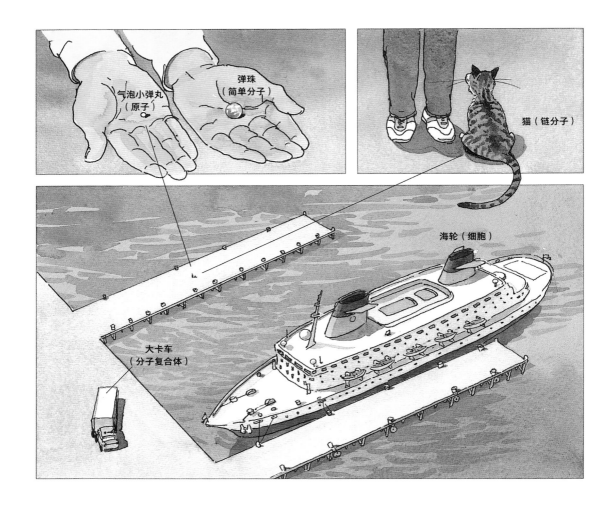

气泡小弹丸（原子）

弹珠（简单分子）

猫（链分子）

大卡车（分子复合体）

海轮（细胞）

往小处想

这本书很大的一部分是在描述细胞内部的情形。如果你对这样微观的尺度并不熟悉，那你就要充分发挥想象力才能够理解那到底是多么小的空间，其中的分子数量又是多么庞大。

苏格兰伟大的数学家和物理学家开尔文爵士（Lord Kelvin）曾经说过："假设你能给一杯水里的每个分子都做上标记，然后把这杯水倒回海中，并且能够充分搅拌，使这杯有标记的水分子能和七大洋中所有的水充分混合，那时候你再从海中舀起一杯水，在这杯水里至少能够找到 100 个做了标记的分子。"

大小和速度是两个相关的概念。一般来说，一个物体越小，它移动的速度越快。在你的体内，水分子和其他成千上万类分子正以惊人的速度飞来窜去，每一秒的百万分之一的百万之一的瞬间内，它们或是擦肩而过，或是猛烈相撞。

生命的存在非常依赖于这种频繁又剧烈的碰撞。若想轻松一点理解你的身体细胞中维持生命活动的化学反应持续发生的速度有多么高（至少每秒几千次）的话，你需要先认知到参与反应的分子们都在以数百万倍于前者的更快速度移动和相撞着。

当我们说起身体的某一部分，我们总是想

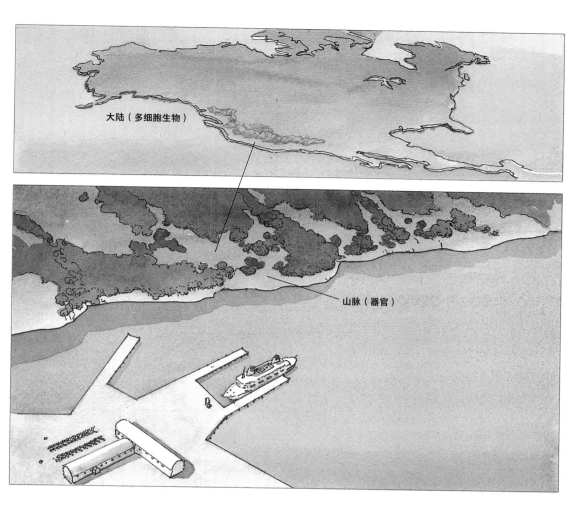

大陆（多细胞生物）

山脉（器官）

到肌肉、心脏、大脑这样具体的器官。要想真正理解身体，我们必须"缩小"尺度，去探究那些构成器官的细胞。这个缩小的程度非常非常大。人的细胞大约只有圆珠笔尖的 1/10 那么小，而你的身体由大约 5 万亿个这样小的细胞构成。每个细胞内又有不计其数的原子、分子以及各式各样由分子构成的复合结构——这些便是本书中的重要角色。

当我们介绍这些角色时，上面的插图或许能帮助你了解他们相对的大小。

想象下你正站在一个码头上：你一只手拿着一个气枪小弹丸——它代表着一个原子的大小；另一只手拿着一个弹珠——它相当于一个简单分

子；你的旁边蹲着一只猫——它代表了一个链分子；远处停着一辆大卡车——这是一个分子复合体；码头边上泊着一艘海轮——这是一个细胞。这个码头位于北美洲的海岸线上——那整个北美大陆才相当于一个人体的大小！

接下来的四页，我们描绘了一场视觉盛宴，力求清晰地展现微观尺度的事物。请注意，这四幅表现不同尺度的场景图，其实涵盖了从原子到细胞的尺度变化范围（尺度转换了200 000 倍）。

从原子到细胞——对比不同的尺度

第一种尺度：原子和分子
放大 5 000 万倍

原子是构成宇宙中一切物质——生物和非生物的基本单位。原子的直径大约是零点一到零点几纳米（10^{-9} 米）。多个原子结合构成了分子。大部分生命都是建立在三种小分子的基础上，每个小分子只含 2~3 个原子：二氧化碳（CO_2）是生物体内碳原子最重要的来源；氧气（O_2）是绝大多数生命体中参与产生能量的关键气体；水（H_2O）在我们细胞里造出了"海洋"，"海洋"不仅浸泡着生命的"机械装置"，还支撑着细胞内各类化学反应。在细胞中，大概还有一千多种略微大一点的、由 10 到 35 个原子构成的分子。这些小分子，有的是食物（燃料），有的是建筑材料，或者将要变成燃料和建材。我们称之为简单分子。本书涉及比较重要的简单分子有糖、核苷酸和氨基酸。

二氧化碳　　　水　　　　氧气

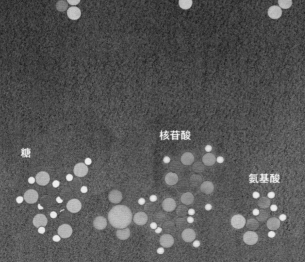

糖　　　核苷酸　　　氨基酸

在这本书里，我们把核苷酸和氨基酸画成如上图，这样可以最好的展示它们的功能。

第二种尺度：链分子
放大 1 000 万倍

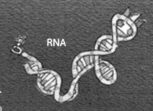

RNA

在细胞中，非常重要的工作组件是链分子。它们由很多简单分子相连而成。数量最多的链分子类型是蛋白质，由 300 到 400 个氨基酸首尾相连而成。细胞中有几千种不同的蛋白质，每一种都担负了特别的工作。细胞还包含了各种各样的核糖核酸（RNA）和脱氧核糖核酸（DNA），前者由几万个核苷酸连接而成，后者则包含几百万个核苷酸。

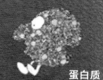

蛋白质

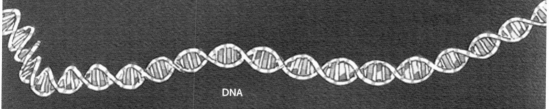

DNA

第三种尺度：分子复合结构
放大 100 万倍

蛋白质

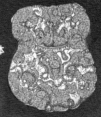

核糖体

在细胞中，链分子凑到一起，组成错综复杂的排列结构，我们称之为分子复合结构。这些复合结构是细胞的基础设施，相当于细胞内部的公路、隧道、电厂、能量工厂和图书馆。此图展示了一个核糖体——细胞中生产蛋白质的工厂，和一个线粒体的一部分——细胞的能源中心。

线粒体

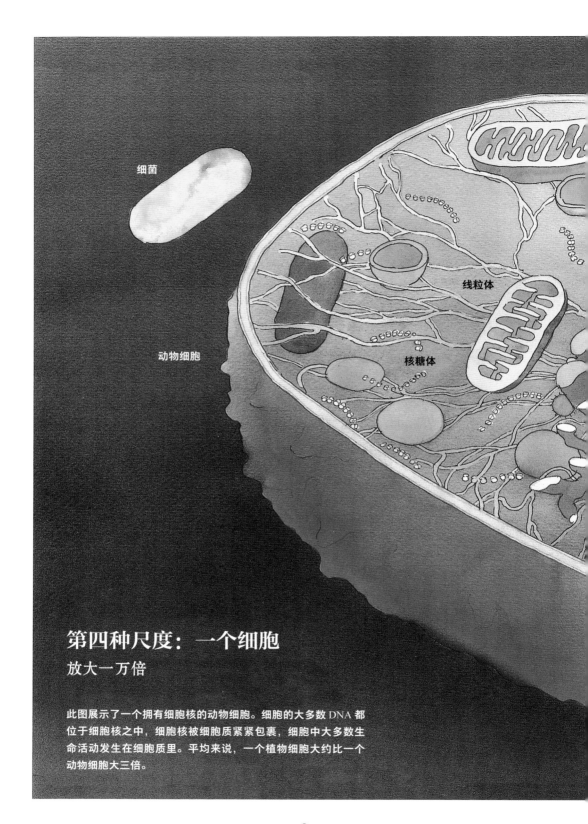

细菌

动物细胞

线粒体

核糖体

第四种尺度：一个细胞
放大一万倍

此图展示了一个拥有细胞核的动物细胞。细胞的大多数 DNA 都位于细胞核之中，细胞核被细胞质紧紧包裹，细胞中大多数生命活动发生在细胞质里。平均来说，一个植物细胞大约比一个动物细胞大三倍。

局部和整体

　　用一种分级的方法来思考生命的组织形式是很有用的。从简单到复杂：原子，分子，简单分子，链分子，分子复合体，细胞；然后向上进入更高的层次：器官，生物体，种群，生物群落和生态系统。每一个较高层次都包含了低一层次当中所有的内容，就像上图展示的俄罗斯套娃一样。

　　科学家们早就发现，如果想理解高一层次当中发生的事，搞清楚低一层次中的现象会有很大帮助。比如说，如果要知道你的车是怎么运转的，你应该知道汽缸、火花塞和燃油喷射系统是怎么工作，以及它们是怎么互相作用的。

　　这样一来，你就能通过了解各个部分来搞清楚整体是如何运作的。这种方法被称为"还原论"（reductionism），在过去几十年里极为兴盛。它引发了关于基因如何运作的知识大爆炸，还帮助我们了解各种生命进程是如何使用能量、获得信息、不断运转和如何操控的。还原论回答了关于"什么（what）"和"如何（how）"的问题，这些问题我们将在本书的前六章详细讨论。

　　当你想知道生物为什么是它们所表现的样子时，你应该从外部观察入手，通过此物和其他生物以及和环境的交互作用来判断。比如说，为什么不同的鸟有不同的喙？要想知道答案，我们不单要研究这些鸟本身，还得研究它们吃什么、住在哪儿。问"为什么（why）"之类的问题，有助于我们寻找连接空间和时间的模式。它们往往和进化相关——这是贯穿第一章"模式"始终的主题，我们将在七章"进化"中进行深入探讨。

　　生物化学家和分子生物学家总认为自己是还原论者，而自然学家和环境学家大多持一种整体论视角。但实际上，每个科学家都在局部和整体之间来回变换观察角度，既不能一叶障目，也不可忽视细节。

　　在阅读本书的时候，我们希望你的思维也是灵活流动的，能跟随我们从微观到宏观的世界往返穿梭，一探究竟。

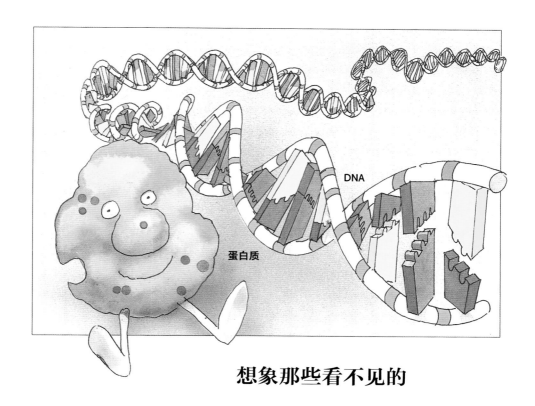

DNA

蛋白质

想象那些看不见的

生命是如何运作的——基本概念

在探索生命同一性的过程中，我们会尽量把分子级的微观世界与你肉眼所见的周围世界联系起来。

本书的故事主角是两种链状分子：一种携带信息，另一种执行具体的任务。简单地说，你可以认为生命活动是通过 DNA 和蛋白质的相互作用完成的。它们的关系可被看作指令和机器的相互作用。

像原子、简单分子，甚至是 DNA 和蛋白质这样大小的观测对象确实是不可见的，因为即使用了最高倍数的显微镜，我们的眼睛也根本看不到。尽管科学家发明了一些强有力的工具，让你了解到细微的事物"看上去"像什么（如上方的电脑模型），但没有人能真正看到精确的分子结构。因此我们只好发挥想象，把我们概念中的分子画出来，以便你理解清楚。

我们把 DNA 描绘成用一种叫"万能工匠"（Tinker-Toy）的升级版玩具搭建起来的结构，且容易被组合和拆解。蛋白质——生命活动中执行任务的分子，被塑造为一个个小人儿似的形象。这样一来就可以区分负责行动的分子，和其他被操作的分子。我们并不是说蛋白质真的和人一样，虽然有时候，两者都有一种要把某些事情做了又做的强迫症倾向。图中蛋白质那呆萌的表情大概可以传达出这个特点。

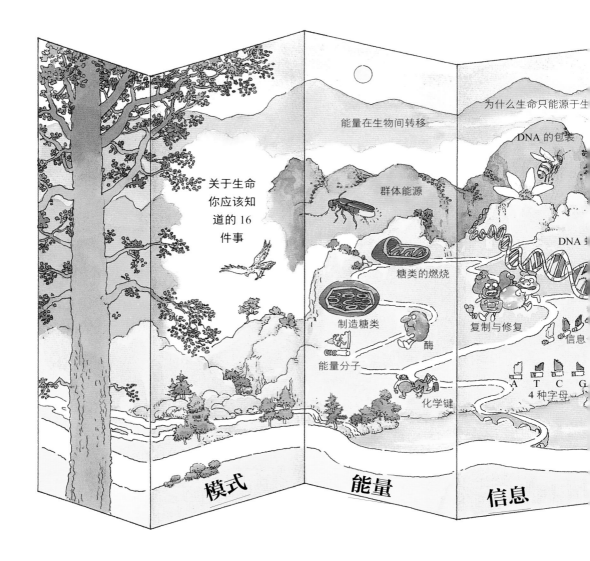

能量在生物间转移

为什么生命只能源于生

DNA 的包装

关于生命你应该知道的 16 件事

群体能源

DNA

糖类的燃烧

制造糖类

复制与修复

酶

信息

能量分子

化学键

A　T　C　G
4 种字母

模式　　能量　　信息

本书的脉络和你的阅读指南

第一章"模式"给出了一幅关于生命各种重要特征的全景图。我们期望这样可以把你的思绪集中起来，并且激发你的阅读欲望。这一章中提出的很多问题，在你读完本书后就有了答案。

生命通过把太阳光转变成可用能量来支撑自己活动。第二章的主题是"能量"，讲的便是这种变化。

第三章的主题是"（遗传）信息"。当开始思考生物问题的时候，你可以把"信息"想象成开启生命秘密的钥匙。这些信息以化学的语言被写在了生物体内每个细胞的 DNA 上，而生物体又可以使用这些信息来构建各种"装置"。第四章讲的就是"装置"——蛋白质分子是如何完成细胞生命活动中的各项任务，包括构建它们自身。

如果没有精确的调控，能量、信息和装置就无法完成使生命运转的任务。生物体必须调控化

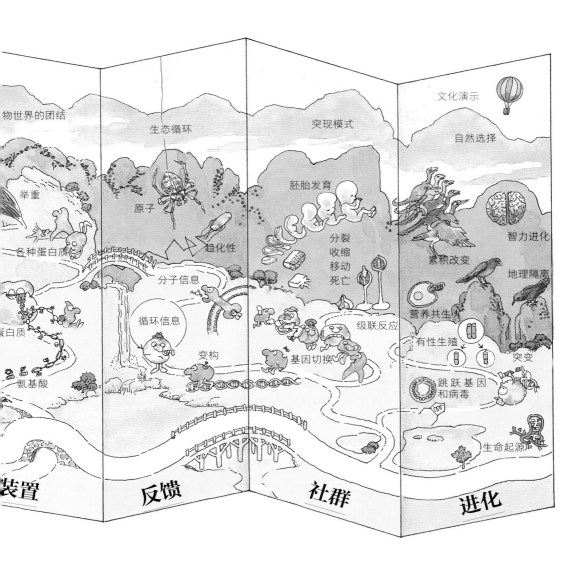

生物世界的团结　　生态循环　　突现模式　　文化演示　自然选择

举重　　原子　　胚胎发育　　智力进化

各种蛋白质　　趋化性　　分裂　　累积改变　　地理隔离
收缩
移动
死亡

分子信息　　营养共生

蛋白质　　循环信息　　级联反应　　有性生殖　　突变

氨基酸　　变构　　基因切换　　跳跃基因和病毒

生命起源

装置　　　反馈　　　社群　　　进化

学反应的速度、减少浪费、提高效率、并且保证环环相扣的一连串反应能够和谐有序地进行，从而使整个生物体良好地运转。这些都涉及了生命系统中协作和调控的功能——这是第五章的主题，我们称之为"反馈"。

以上内容都和单个细胞如何存活有关。但是第六章"社群"主要探讨多细胞生物中细胞之间如何交流。其中一个重要的话题是，卵细胞是怎么从单个细胞变成一个多细胞生物的。

当我们讨论完关于生命的"什么（what）"

和"如何（how）"之后，我们开始思考最重要的"为什么"。为什么生物体变成现在的样子？随着遗传信息在漫长的时间里代代相传，它不可避免地出现变化，并逐渐改变生命的各种装置。这些装置是生命用来和周围世界打交道的必需手段。也决定了有机体的命运，进而决定了生物体内的遗传信息。第七章就在探讨能把生物学的方方面面统一起来的主题——进化。

目录　CONTENTS

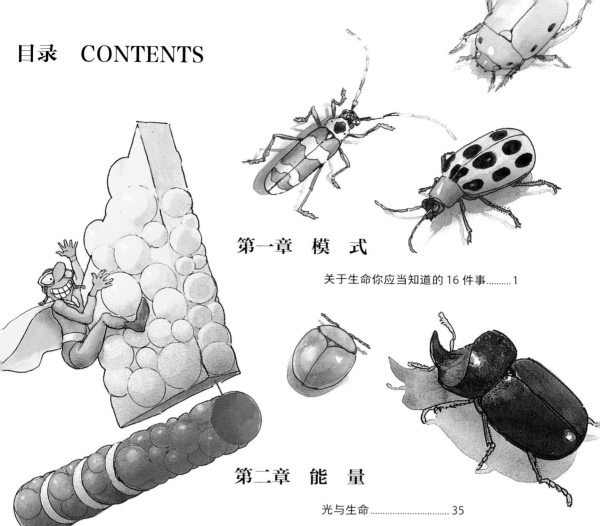

第一章　模　式

第二章　能　量

第三章　信　息

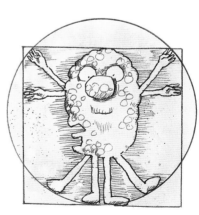

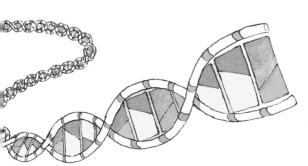

第四章　装　置

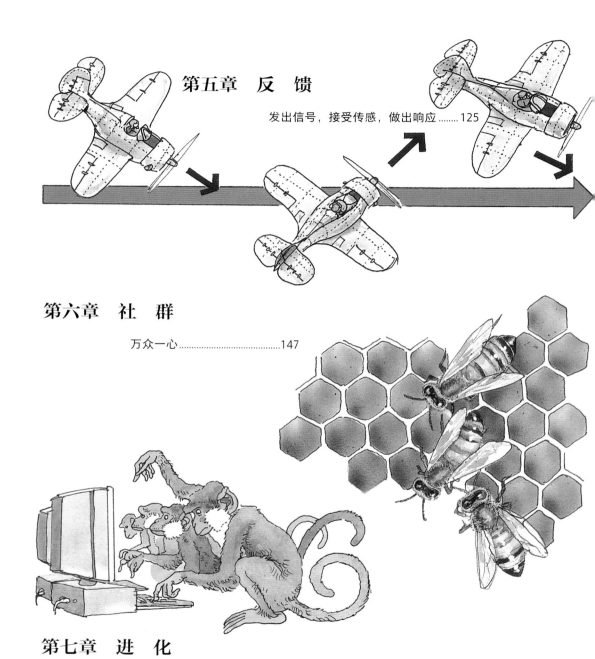

第五章 反 馈

第六章 社 群

第七章 进 化

第一章

模　式

关于生命你应当知道的 16 件事

　　如果要把生命看作一个整体，要找到所有生命的共通之处，我们就必须改变平常看待事物的方式。我们不能只看见作为个体的昆虫、树木、花草，而是必须有一个涵盖全景的视角。我们不光要明白物质的结构，还应当理解各种过程和反应。通过这样广阔的视角，我们可以看到生命充满了模式和规律。利用这些规律，生命不断地营造、组织、回收，并且总是在自我更新。

　　这里我们给大家介绍生命的 16 种模式。它们当中大多数既适用于最小的生物及其分子组成，也适用于人类这样最复杂的生物。当然，我们并不是说这里列出的条条框框就不容置疑，我们只是希望大家能从一个崭新的角度来思考生命：不只是生命体为何如此独特又千差万别，而且是什么使它们具有如此多的共通性。

生命的 16 种模式：

1. 生命构造从简到繁
2. 生命把自己组装成链
3. 生命需要内外之分
4. 生命用有限的主题塑造无穷的变化
5. 生命靠信息来组织
6. 生命通过重组信息促进多样性
7. 生命通过差错进行创造
8. 生命在水中起源
9. 生命由糖来驱动
10. 生命循环运转
11. 生命回收用过的一切
12. 生命靠更新来维护
13. 生命寻求最优而不是最多
14. 生命是机会主义者
15. 生命在合作的主题下竞争
16. 生命相互联系又相互依存

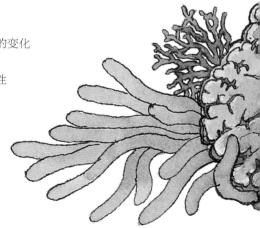

1. 生命构造从简到繁

小事物的大影响

　　每个生物体都应该被看作一个缩影——由能够繁殖的微小生物构成的小宇宙。这些微小生物小到不可思议，却又数量众多，如同天上的星星。

　　　　　　　　　　　　　　　　　　——查尔斯·达尔文

　　进化论的早期争议主要是关于一个在当时看来极为恐怖的观点，即人类和猿类拥有一个共同的祖先。但实际上，达尔文的思想有更为激进的内涵：每一个生物体都由很多微小的个体（细胞）组成，每个细胞又由更小的非生命物质组成。此外，这些极小的非生命物质率先出现在进化史上。它们偶然地结合成细胞，经过漫长的岁月，细胞又组合成多细胞生物。因此，我们的祖先实际上是那些极微小的、蠕动着的、好像我们现在称为细菌的生物，细菌的祖先则是那些具有自我复制能力的分子。

　　在任何一种植物或动物出现在这个星球上之前，细菌早就发明了一切生命必不可少的化学系统。[1] 它们改变了地球的大气层，建立起从太阳那里获取能量的方法，设计出第一套生物电系统，发明了性别和运动系统，摸索出遗传机制，并且学会合并和组织成新的更高级的生物层次。我们应该为有这样的祖先感到骄傲！

合作无间的细胞组织：

有些小型细胞组织，例如我们舌头上的味蕾，就像由各类专家组成的军队一样联合工作。它们创建了非常独特的结构，并由神经连接到大脑，使我们能够品尝世间百味。

（右边的图片放大展示了人的舌头表面）

小事物由更小的事物构成。

我们舌头表面上的突起，叫作乳突，包含味蕾。味蕾由大约50个细胞的细胞簇构成。

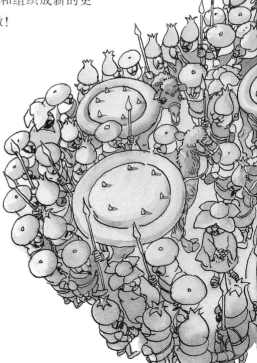

鉴于上述任务的复杂性，我们应该能明白，从地球上出现生命到现在，为什么过了1/8 的时间，第一种多细胞生物才出现。实际上，我们的存在形式都是"高度发达的复合体"，由细胞建立起来的综合社群。而这一切，都依赖于我们的单细胞祖先所做的非凡成就。

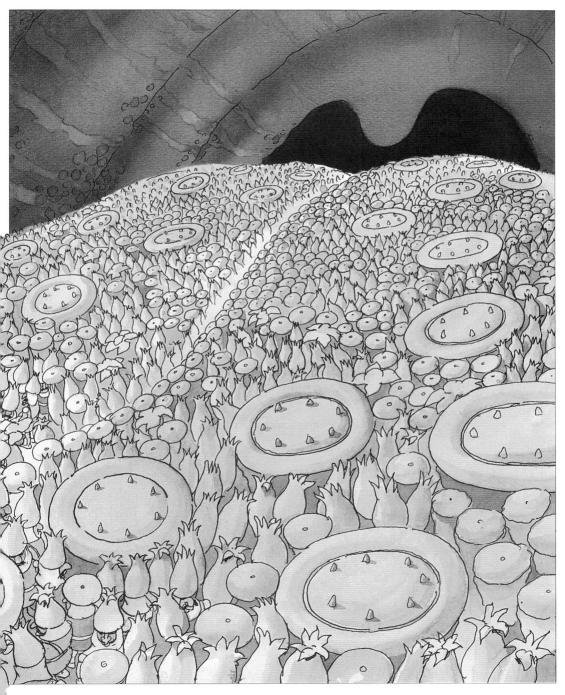

2. 生命把自己组装成链

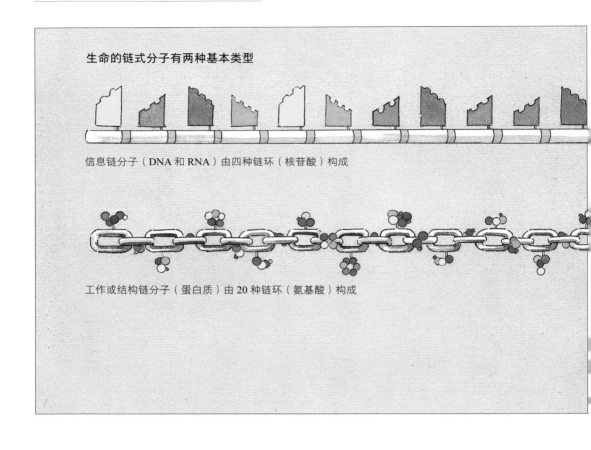

生命的链式分子有两种基本类型

信息链分子（DNA 和 RNA）由四种链环（核苷酸）构成

工作或结构链分子（蛋白质）由 20 种链环（氨基酸）构成

当差异转化为信息

注：我们将在第三、四章详细解释 DNA、RNA、核苷酸、蛋白质、氨基酸这些名词。

　　在分子层面，生命采用链式结构作为组织原则。"链"是由简单的单位连接在一起形成的长而柔韧的结构。在普通的链中，每个链环都是相同的。相比之下，生命之链却由不同的分子链环连接而成。从这一方面来说，每个链环都可以看作是用来书写生命诗篇的字母。当字母以适当的顺序排列，就会构成富含意义的词语、句子和段落。同样的，链分子中各个链环的排列顺序也传递着重要信息。

　　链分子可分成两大类：信息链——用来存储和传输信息，工作链——完成维系生命的实际操作。这两类链分子紧密合作，形成一个环路：信息链提供遗传信息及"蓝图"，转而被"翻译"成工作链；而工作链分子又反过来使得信息链分子能够精准复制，然后传给下一代。

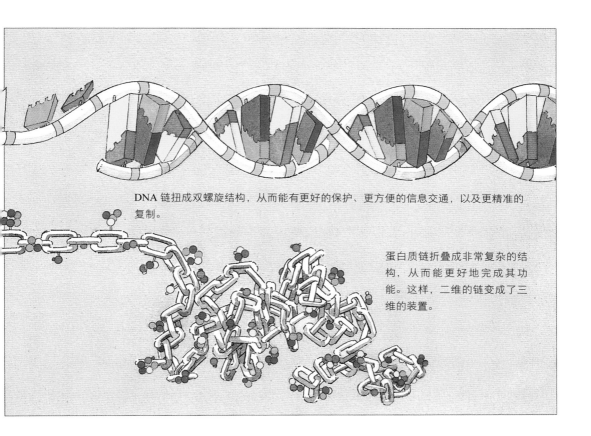

DNA 链扭成双螺旋结构，从而能有更好的保护、更方便的信息交通，以及更精准的复制。

蛋白质链折叠成非常复杂的结构，从而能更好地完成其功能。这样，二维的链变成了三维的装置。

由相同的链环组成的链只是链条而已，

但由不同的链环组成的链则可以承载信息：

■■•　•■■•　•••　■■•■•　■　•■•　　•••　　•■

莫尔斯电码其实就是由两种链环（点和线）构成的链，

IOOIIOOOIIIIOIOOOIIOOOIOIIIIOOOIIOOIOOIOI

计算机语言也是由两种链环（0 和 1）构成的链，

Now is the winter of our disco

英文句子是由 26 种链环（字母）构成的链。

3. 生命需要内外之分

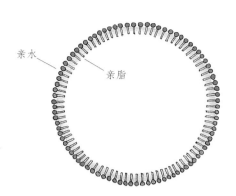

亲水

亲脂

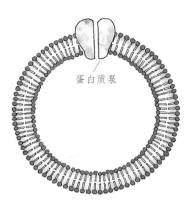

蛋白质泵

细胞膜

细胞膜由两层井然有序的磷脂分子组成。在外层，亲水的头部朝外对着富含水的环境。

在内层，亲水的头部朝向细胞的内部。这两层磷脂分子有效地把细胞的内部环境隔离开来。如上图所示的蛋白质泵则可以把分子移进移出。

头朝外，尾朝内

当危险来临时，麝牛群会围成一个圆圈[2]，头、角向外，尾巴向内，把它们弱小的牛犊围在中间。这样的保护圈显示了生命中最根本的一个组织原则——内外有别。生命所需的化学物质喜欢聚在一起，这样可以很容易碰撞和发生反应。内部环境需要的盐度、酸度、温度等方面都和外部的不同。这些差异要靠某些形式的保护屏障来维持，例如婴儿的皮肤、蛤的壳以及细胞的细胞膜。

包围着我们的每一个细胞的细胞膜表现得就像那些受到威胁的麝牛。构成细胞膜的磷脂分子有一个亲水的头和亲脂的尾。头朝外面对细胞所处的水环境；尾部向内。由于细胞内部也是一个充满水的环境，细胞膜便发展出第二层磷脂分子——头朝内，尾向外，与外层磷脂分子的尾部相对。这样的双层磷脂分子保护结构隔开了细胞内外的环境，加上镶嵌在细胞膜上的分子泵把养料输入、把废料送出，生命因此而有效运转。

更大的"膜"

树皮保护树干中真正存活的部分（通常是最外环），使之不受昆虫、疾病和恶劣天气的荼毒。

大气层有助于调节地球的温度，还可以保护生命免遭太阳的紫外线侵害。

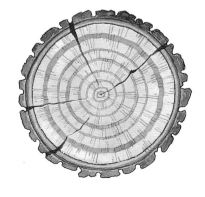

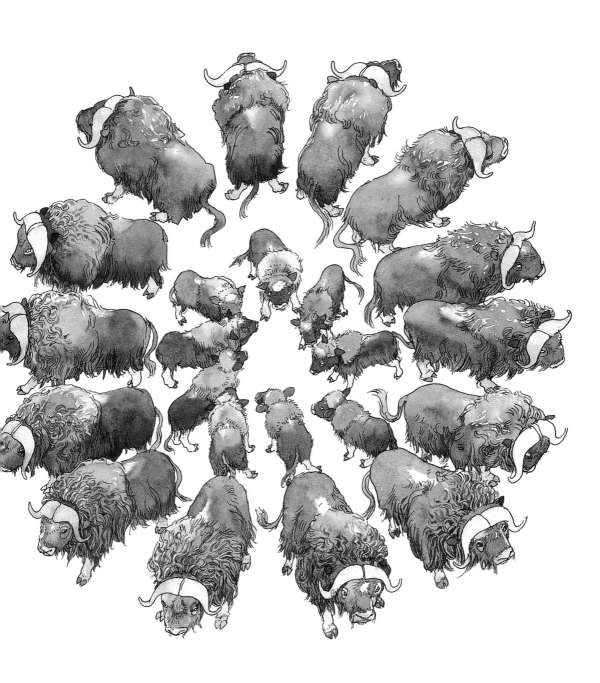

4. 生命用有限的主题塑造无穷的变化

内在的同一性和外在的多样性

同一主题，不同变奏

自然界有大约 300 000 种独立的甲虫物种（这是世界上最大的属）。这些甲虫展示了所有你可以想象到的颜色、图案以及身体各部位比例分配——但没有关系，使所有这些物种都可以被称为甲虫的格局和模式是恒定的。

生命总是尽量利用已知有效的机制。与此同时，它又不断探索和完善。这种多变的组合催生了千差万别、各具特色的生物，这过程其实仅仅基于数量不多的基本模式和规律。例如，当细胞分裂和长大时，只使用极少的几种方式。新细胞群有时形成同心环状，就像我们在树干和动物牙齿中看到的那样；有时形成螺旋状，如蜗牛壳和公羊的角；有时形成放射状，如鲜花和海星；有时形成分支状，如灌木丛、肺和血管。生物体还可以表现为几种生长模式的组合，且规模会有所不同，但生命再怎么花样百出，超出上述范围的生长模式却是寥寥无几。

为了最大利用空间，生命经常会借助数学规律。例如，如果你一边转动一根树枝，一边数转完一个整圈后从主枝上生出的分枝数量，你就会惊讶地发现分枝数和转圈数之间存在一个规律，即符合数列 1、1、2、3、5、8、13、21……这就是所谓的"斐波纳契数列"，其中每个数是前两个数的总和。又例如，每转动一个松塔八次就有十三个鳞片。类似的模式也出现在向日葵和雏菊的螺旋式小花排列中，在鹦鹉螺的横切面上，甚至在我们肺部支气管的分枝上。这样的相似性使我们能

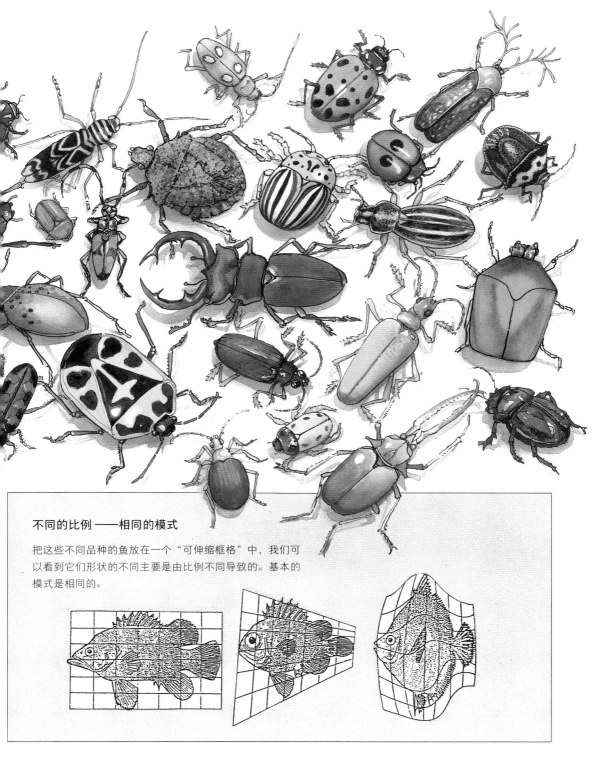

不同的比例 ——相同的模式

把这些不同品种的鱼放在一个"可伸缩框格"中，我们可以看到它们形状的不同主要是由比例不同导致的。基本的模式是相同的。

够深入了解，在不同情况下使用的简单规律是怎么产生令人瞠目结舌的多样性。大自然就像一位神奇的作曲家，用很少的音符就创作了许多交响曲。

5. 生命靠信息来组织

制造零件，构建整体

生命的存续依赖于大量信息。生物体需要知道如何保持一个恒定的温度，如何更换磨损的零件，如何抵御侵略者，如何从食物中获取能量，等等。据估计，一个人体拥有的全部功能所需要的信息能写满 15 本百科全书。实际上，如果不是生命采取了一种高度有效、只存储某一种信息的策略，那生命所需要的总信息量可能还更多。也许以下的类比能使你更好地理解这种信息的本质：假设你决定制造一个复杂的机器人，需要数以百万计的手工制作的零件。照常理，这样的任务将需要对整个组件的每个部分都有一份制造手册，还有组装说明和使用指南。但现在想象一下，你有另一种选择：你可以掌握制造几千种子机器人的信息，每一个子机器人都知道如何制造一种组件的一小部分。只要通力合作，就可以装配和操作整个机器人。换句话说，一个非常复杂的机器人可以来自多个子机器人之间复杂的相互作用和配合，每个子机器人都只需执行一项相对简单的任务。

生命把这种信息存储在 DNA，确切地说，是基因中。基因并不包含关于维持温度、抵御入侵者、装饰房间、选择配偶等信息。它们包含的唯一信息是如何（以及何时）制造蛋白质。其他的事情就都交给蛋白质来做啦。

一个子机器人是没法制造一个复杂的组件的。

但是，当一队专家合作时，只要每个专家通晓一步，完成整个任务就变得可能了。

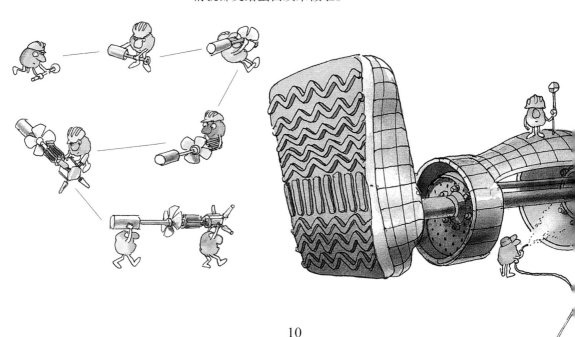

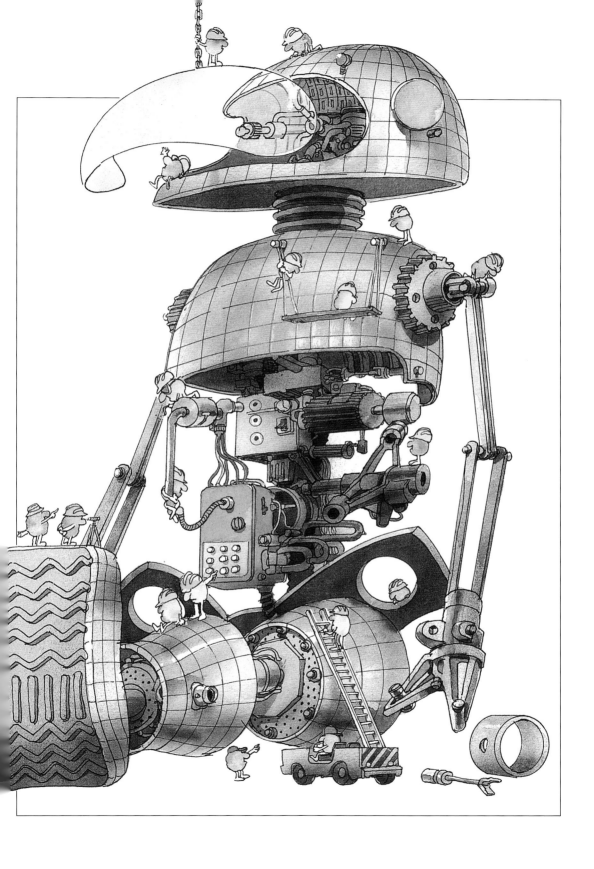

6. 生命通过重组信息促进多样性

信息大混合

　　大自然通过交换信息创造新的组合。作为最初的生命形式，简单的细菌类生物早就发现可以把少量信息注入彼此的途径——这可以看作是一种原始的性行为。随着时间推移，生命逐渐可以交换越来越多的信息，从而发展出真正的有性繁殖，这是信息重组的一种更精巧的方式。

　　从为数不多的变量就可以产生数量极大的组合。把两副 52 张的扑克牌混在一起能够产生 4×10^{24} 种 52 张牌的组合——4 后面跟着 24 个 0，这是一个多么惊人的数字。但如果你思考一下通过混合基因能生成多少组合，只怕你会真的惊讶到合不拢嘴。你可以把我们的基因当作两副扑克牌，每一个基因都有一个相似的基因来匹配。但不同于扑克牌的是，许多配对基因是不完全一样的。尽管有些差异是"沉默"的，或者说不重要的，但这成千上万的基因间差异造就了我们的各不相同。此外，与扑克牌每两副只有 52 个匹配对不同，人类基因

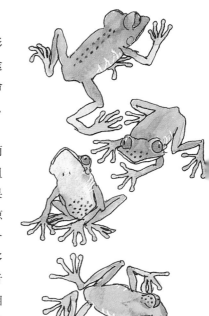

有超过 70 000 个匹配对。

当人体制造精子或卵子的时候，会把所有的基因放在一起，然后像切牌一样把它们分成两组，每个精子或卵子获取一组，也就是所有基因的一半。受精时，两组基因组合起来。你可以看到，由 70 000 个基因拼成的可能组合数量是个天文数字。这样，你大概就能明白我们有多大的遗传潜力来实现生物多样性了。

混合信息

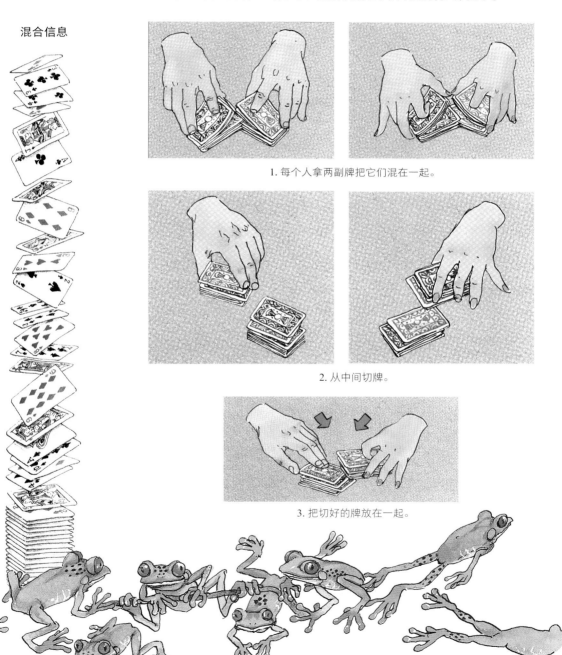

1. 每个人拿两副牌把它们混在一起。

2. 从中间切牌。

3. 把切好的牌放在一起。

7. 生命通过差错进行创造

尺寸和表面

皱纹和凸起使大象的祖先体型变大。增加表面积也使受限于体型大小的各种器官，
如肠、肺和大脑，能增加体积以及提高功能。

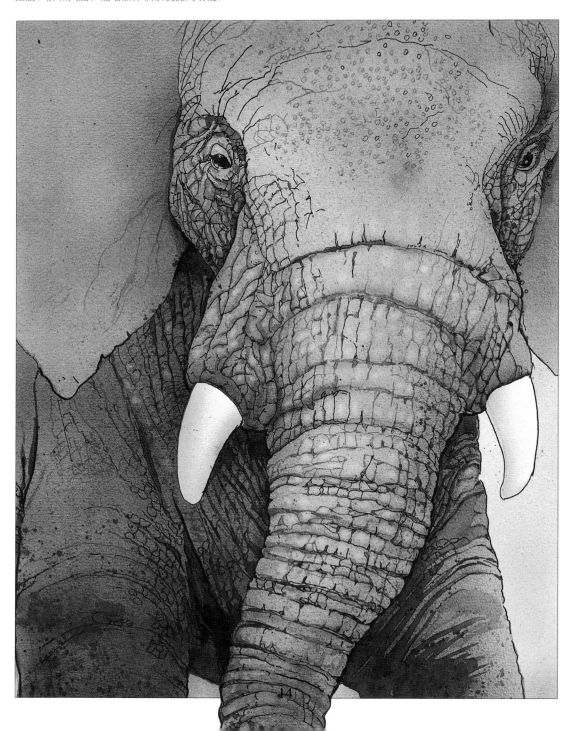

有意外才有惊喜

在细胞进行自我复制的时候，它们首先把基因携带的信息做一个拷贝。通常这个拷贝过程是很精确的，这样亲代的遗传信息就能被完整地传给下一代。但偶尔，细胞的复制机制会出错，致使拷贝的基因序列出现错误，有时只是一点点错误。但即使只是改变基因中一个核苷酸，也能像拨电话号码时拨错一个号，改变了整个基因序列，基因原本要传输的信息也随之变更。改变后的信息会在后代中体现出来，通常表现为一个缺陷。但总有那么几次，改变的信息能够改进后代的性状，有时还能使后代比其亲本更好地适应环境，生存下去。

以大象为例：科学家推测，大象远古的祖先体型较小，而且有光滑的皮肤。想象一下，在遥远的过去，曾出现一个错误的复制，使大象的皮肤细胞发生突变，使细胞组装成充满皱褶和凸起的样子。幸运的是，这样皱皱的皮肤比光滑的皮肤多了很多的表面积[3]，这是大象迟早都会用到的几何学功能。大型动物通常会面临一个问题：体温过热。如果有皱褶的皮肤，那动物就有更多的表面积暴露于空气或水中，从而可以更有效地散热。有了皱皮的帮助，大象可以长得更大，更能充分地享受一个硕大体型带来的优势。

当你开始欣赏复制的错误在进化中的作用时，你就会感觉到，称它们为"错误"显然过于简单了。在更大范围内，我们可以视这些"错误"是大自然引入随机性的方式。其实，这是所有创造过程都具有的一个基本特征。

一种生物体的错误可以是另一种生物体的优势

白化病是色素沉着的缺陷。这种病在多种植物和动物中都偶尔会出现。大多数时候，白化病都是染病者在生存中的缺点，因为它们无法融入周围的环境，而且许多物种的白化后代都没法生存过婴幼阶段。然而，对于雪白的北极熊、雪山鹑、北极狐和白靴兔来说，正是由于它们的祖先白化，它们才能拥有作为伪装色的白色，才能繁衍至今。

8. 生命在水中起源

全能的分子

　　所有的生命分子中，没有一种像水这样无所不在的。我们的细胞里70%是水。生命自水中开始。当我们的祖先离开大海，成为陆地上的居民，我们把水也一起带走了。我们的细胞不但内部有很多水，而且几乎浸泡在水中。大多数对生命至关重要的分子可以溶解于水中，并且在水中更容易运动。

　　水参与各种化学反应。由于有了不溶于水的细胞膜作为边界，可以说细胞是因为水才具有了它们的形状和刚性。水还提供了取之不尽的氢离子，这些氢离子在把太阳的能量转换成化学能的过程中是必不可少的。

　　是什么让水如此特别？最关键的是它的极性。水分子由一个氧原子与两个氢原子共享两个电子对而构成，我们可以想象成一个头上戴着一对米老鼠耳饰的样子。水分子其实看起来很普通。虽然分子整体呈电荷中性，但因为氧原子更容易拉拢带负电的电子偏向它，所以氢原子"耳朵"略带正电而氧原子"头部"带负电。由于大多数重要的生命分子也带电，它们的结构便很容易在水分子电荷的作用下瓦解，溶于水并在水中发生化学反应。

　　此外，一个水分子的一只"耳朵"能够与另一个水分子的"头"结合成弱键，反之亦然。这样就使水分子之间不断地结合又分离，从而形成动态的、稍纵即逝的点阵结构。水的这种自我连接的属性就是水总倾向于保持液态的原因；实际上，大多数和水分子量相当的其他物质，在同样温度下都是气态。

　　对我们来说幸运的是，水拥有结冰时体积变大的特殊属性。因为密度较小，冰就能浮在水面上，相当于防止我们的湖泊、河流和海洋进一步结冰的绝缘层。如果水像大多数天然材料一样在凝固时密度上升，冰就会下沉，那水体将在寒冷的气候中冻结起来，变得坚实，水中的生命便无法生存。

幸运的是，地球上含量最丰富的液体，也最能够促进有利于生命的化学反应。

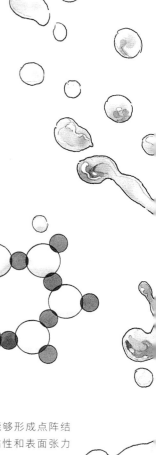

水的特殊性来自它的分子结构。两个氢原子（就像米老鼠的耳朵[4]）带正电，氧原子带负电。

这样的极性使得水能够形成点阵结构，拥有比较高的黏性和表面张力（就是它那种让人觉得"湿淋淋"的属性）。

9. 生命由糖来驱动

燃料分子

植物生产和储存的糖用于自己消费。动物要么直接吃植物，要么吃消耗植物的其他动物。细菌消耗所有的尸体。因此，糖渗透着整个食物链。

葡萄糖是生命的关键糖分子。细胞分解代谢葡萄糖，并用其零件来构建生命中必不可少的分子。

糖是一种充满能量的简单链分子，它们通常含有 3~7 个碳原子，其上挂满了氢和氧。生命中最重要的糖是六碳的葡萄糖。它是驱动生命引擎的燃料，也是构建生命体的一种基本原料。每年，植物、海洋藻类和某些类细菌把大约一千亿吨大气中的二氧化碳（CO_2）和从水（H_2O）中提取的氢转化成了糖。这个能够利用阳光中的能量的过程叫作光合作用。而这种大规模转换产生的"废品"是生命不可或缺的氧气。

植物、藻类、细菌和动物都"烧"糖。也就是说，在它们的细胞内，糖的化学键所拥有的能量被转化为一种高效的化学能——三磷酸腺苷（ATP）。这种生命特有的"燃烧"过程被称为呼吸作用。此过程把糖的碳原子和氧原子合成了二氧化碳，把氢原子和氧原子合成了水。如此这般，来自空气的生命物质又回到了空气中。持续产生的 ATP 驱动着所有的生命活动，如移动、呼吸、大笑，等等。同时，生命也用糖作为原料来组装氨基酸、核苷酸这样的简单分子。简单分子又组装成了大分子。

几亿年前，极大量的树木、植物、动物和细菌的遗体被深深埋在地下。当受到强烈的热力和压力作用时，便转化为煤、石油和天然气。许多这些物质最初就是糖链分子，例如纤维素和其他相关的链分子。所以当那些糖类再度出现时，就成了推进文明的基本能量原料。

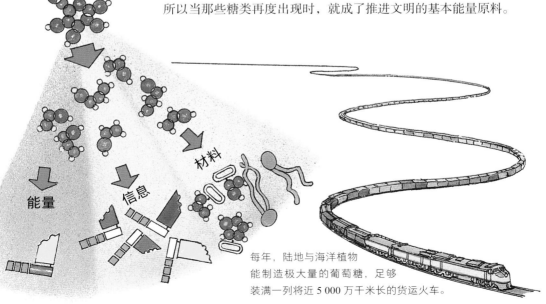

葡萄糖

材料

能量

信息

每年，陆地与海洋植物
能制造极大量的葡萄糖，足够
装满一列将近 5 000 万千米长的货运火车。

19

10. 生命循环运转

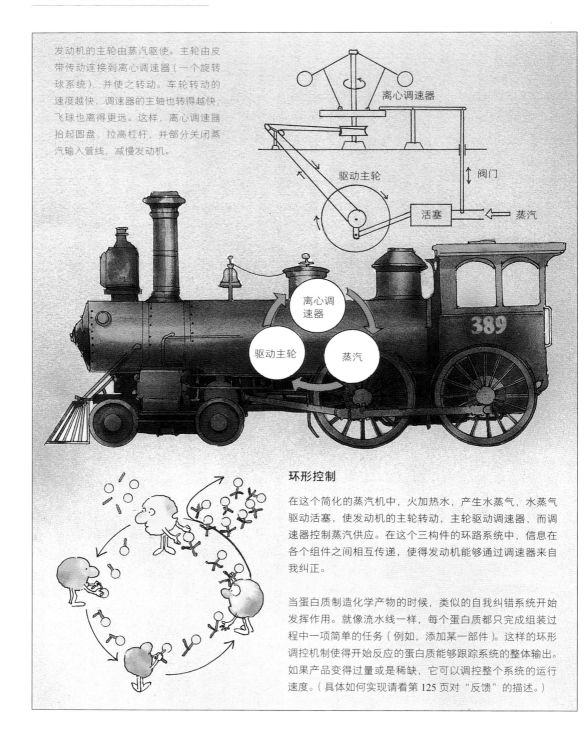

发动机的主轮由蒸汽驱使。主轮由皮带传动连接到离心调速器（一个旋转球系统），并使之转动。车轮转动的速度越快，调速器的主轴也转得越快，飞球也离得更远。这样，离心调速器抬起圆盘，拉高杠杆，并部分关闭蒸汽输入管线，减慢发动机。

离心调速器

阀门

驱动主轮

活塞

蒸汽

离心调速器

驱动主轮

蒸汽

389

环形控制

在这个简化的蒸汽机中，火加热水，产生水蒸气，水蒸气驱动活塞，使发动机的主轮转动，主轮驱动调速器，而调速器控制蒸汽供应。在这个三构件的环路系统中，信息在各个组件之间相互传递，使得发动机能够通过调速器来自我纠正。

当蛋白质制造化学产物的时候，类似的自我纠错系统开始发挥作用。就像流水线一样，每个蛋白质都只完成组装过程中一项简单的任务（例如，添加某一部件）。这样的环形调控机制使得开始反应的蛋白质能够跟踪系统的整体输出。如果产品变得过量或是稀缺，它可以调控整个系统的运行速度。（具体如何实现请看第 125 页对"反馈"的描述。）

循环的信息流

生命热爱环路。大多数生物学过程，即使是非常复杂的通路，最终总会回到开始的地方。血液循环、心脏的跳动、神经系统的感知和反应、月经、迁移、交配、能源的产生和消耗、生死轮回，一切都有一个共性，转动一圈，回到起点，重新开始，每次又回到一个新的开始。

循环能够防止失控事件。一个单向过程，如果有足够的能量和物质，往往会越来越快，直到一发而不可收，除非受到抑制或阻断。这个原理可以用有离心调速器的蒸汽机来说明：当蒸汽压力上升，发动机转速加快，离心调速器的主轴会越转越快，它的两只旋臂也越抬越高；这样就会逐步降低蒸汽输入，使发动机减速；这时离心调速器减慢，蒸汽输入增加，发动机又会加速。如此这般，信息往复循环，反向调节实际的运作。整个系统进行自我校正；各个部件进行自我调整。如果这样的自我限制和自我诱导都由很多小步骤组成，那整个系统看上去就是自我维持在一个稳定的状态。[5]

每个生物回路无论是蛋白序列消耗糖分子的过程，还是复杂的生态系统交换物质和能量的行为，都表现出像蒸汽机那样的自我纠正的倾向。

信息在回路中流动，经过沿途必要的调整，又反馈到起点。当我们能够明白控制回路中多个层次的调控和创造，我们就更容易了解分子系统如何组装成无比复杂而看上去又有的放矢的有机体。也许，我们应当把"有的放矢"改称为"自我纠正"。

自我纠正的行动

当一只猫头鹰试图捕捉一只逃跑的老鼠时，它能够迅速地掌握老鼠曲折的奔逃路线，然后调整自己的翅膀和尾巴的运动。要得到它的晚餐，猫头鹰必须维持它的眼、脑、翅膀和尾部的肌肉以及老鼠的动作之间的反馈回路。

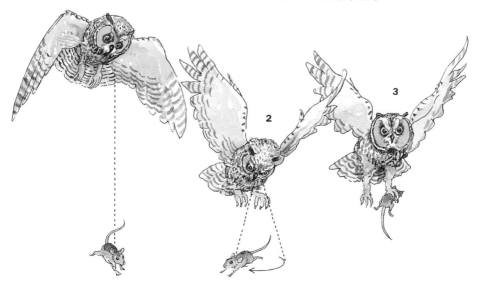

1

2

3

11. 生命回收用过的一切

原料的循环流动

对于每一种生命制造或使用的分子总有一种酶可以分解它。

在动物界，我们人类是独一无二的；我们总是在身后留下一系列与日俱增而又无法再次使用的产物。对自然界的其他生物而言，摄入和排出总是平衡的；一个有机体的垃圾会成为另一个的食物或建筑材料。牛的粪便由细菌转化循环到土壤中，又经由蚯蚓和草，再回到牛的身体中去。螃蟹需要补钙，它们通常从海洋中获取，以建造它们的壳。陆蟹没有海洋这个来源，于是在蜕壳丢弃之前总是提取自己壳中的钙。为了节省能源，寄居蟹总是借用其他物种丢弃的壳，并且在一个壳变得太小时想法子换一个大的。

在分子水平上，关键的原子通过一系列小步骤，从一个分子传递到另一个分子。一个进程的最终产物成为另一个进程的起点，一系列的反应首尾相接成为环形。一种生物的"呼出"成为另一种的"吸入"。例如，植物把氧气作为光合作用的一种废物排出，而氧气则成为动物呼吸作用必不可少的燃料。动物排出的废料二氧化碳，也总是被植物迫不及待地抢占，用来制造糖类。从整个生态系统的视角来看，这些转换极其顺理成章，以至于生产和消费之间以及废物和养料之间的区别似乎都消失不见了。

每一代的生命所需之物都依赖于前一代所释放的化学产物。

在连续不断的循环中，植物和动物交换着生成能量和构建机体所需的化学产物。

二氧化碳

糖　氧

氮

装起来——再拆开

生命时常要面对这样的窘境：一方面生命需要高度的组织性才能存在，而组织性需要能量来维护；另一方面生命的复杂分子通过化学键富含的大量能量而聚集在一起，但这样高能的化学键不会无限期地保持，而总会土崩瓦解，接着消散无踪。这时，一个高度组织却又不稳定的系统就会面临一个问题：如何挽救这不可避免的崩溃？生物系统已经用一个精妙的策略解决了这个问题。日复一日、分秒不停地，生物定期拆除自己本来好好的工作分子，然后重新组装。平均下来，每一天你的体内有大约 7% 的分子会被"更新"。这意味着大约两周内，几乎所有分子都被拆掉、重新构建了。这样一来，你的系统中就不会有因为存在过久而"无意"地降解掉的分子。

分子的更新也给生物体提供了灵活性。环境的变化往往要求生物体表达不同的蛋白质。而新的蛋白质可以由分解旧的蛋白质来生成。

这样不断的更新使我们可以真切地感受到生命对能源持续"流通"（flow through）的需求。生命的这种高信息 / 高能量的状态只能进行动态维护。在此过程中，生物体的部件不断被构建和销毁，也不断在有序和无序的状态中转换。

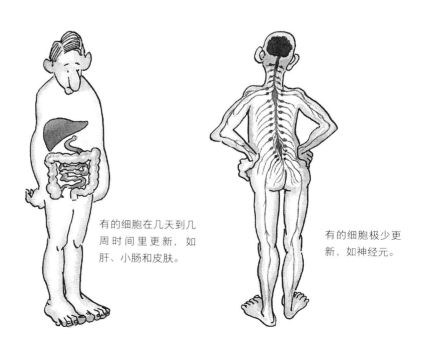

有的细胞在几天到几周时间里更新，如肝、小肠和皮肤。

有的细胞极少更新，如神经元。

13. 生命寻求最优而不是最多

有时少比多好

优化意味着获取恰到好处的数量——一个介于过多和过少之间的中间值。比如，血液含糖过多或过少都能致人死亡。每个人都需要钙和铁，但太多的钙和铁是有毒的。寻求最优的原则几乎是普适的，不管是身体获取矿物质、维生素和其他营养物质，还是诸如运动和睡眠之类的行为。

在分子水平上，生命用精细的信息调控和管理系统来保持最优化的状态。某些蛋白质具有精准调节那些重要的化学物质浓度的能力——如果已经到达最佳量，就不再制造；当浓度跌到临界水平以下就再次启动。

在个体的水平上，优化是涉及许多相互作用的部位和功能的错综复杂的舞蹈。鹿角需要一个强度、减震性、重量和再生能力（因为它们必须每年重新生长）的最优组合。这些变量中任何一项的变化都可能对其他变量产生不利影响。例如，较高的矿物质含量可能使鹿角的强度增加，但也可能使它们更重或无法足够快地生长。因此，最大化提高任何单个变量（即把它推到了极致），很可能会降低整个系统的灵活性，使生物无法适应不良的环境变化。

最大化可以看作一种上瘾形式。偶尔，生物会放弃最优化而滑向最大化——从适应走向上瘾。当人类试图使财富、快乐、安全感和权力最大化时，就表现出了上瘾的倾向。在重建最优平衡的过程中，我们应该牢记大自然的警句：物极必反。

然而，只有一个参数，生命几乎总是在寻求最大化。这是每个生物最基本的目标——将自身的遗传信息传递给下一代。从这个意义上讲，所有功能的最优化都是为了实现这个终极目标的最大化——DNA 的生存。

最大化导致灭绝？

爱尔兰麋鹿的鹿角是用来炫耀以吸引异性的，不是用来打架的，这从鹿角奇特的位置（扇面朝前）和厚重的外观（最多达 3.7 米宽）就看得出来。但在环境发生重大变化时，例如大规模森林化，"超大"的鹿角只怕很可能部分导致了该物种的灭绝。

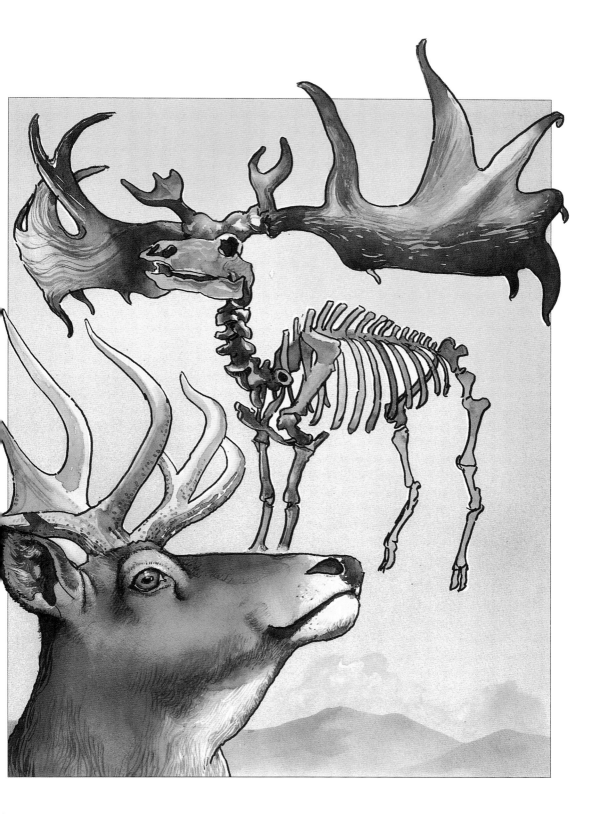

14. 生命是机会主义者

物尽其用

　　林地中一棵腐烂的树看起来生命已经快要衰竭。实际上，它标志着一个爆炸性的新阶段的开始，甚至比树活着的时候还更丰富和热闹。起初，苔藓和地衣在日渐衰败的树皮上安身立命。然后，木蚁、甲虫和螨虫钻入腐烂的木头，开始踏上入侵的征程。接着，真菌、根和细菌循着这些开拓好的路长驱直入。随后它们又成为游荡昆虫的食物。而蜘蛛又会捕食这些昆虫。当树苗和灌木扎根在新出现的腐殖质中时，鼹鼠和鼩鼱也正挖开变软的木材，以新长出来的蘑菇和松露为食。

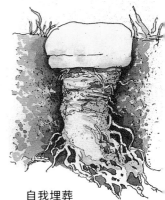

自我埋葬

为了避开冬季那干燥的寒风，龙舌兰仙人掌会完全缩到地下。

　　这样的"活死树"不仅说明了生命的坚韧，也指出了生命的一个普遍倾向——"凑合"使用它周围的可用之物。因为这个习惯，生命甚至在世界上环境最恶劣的地方都可以繁荣昌盛。在非洲的纳米布沙漠，白天地表温度会飙升到 65 摄氏度，而雨水可能连续三四年都不见踪影。极少有植物可以在这样的环境中生存，但在这荒芜沙漠的下面却有相当多昆虫、蜘蛛和爬行类生存着——甚至还有一两种哺乳动物。这里，最小的生物依靠游丝般的雾气带来的水分和被风吹过沙漠的动植物碎屑生存。较大的生物又以这些较小的为食。

　　在北极的冰面上，年已百岁的地衣生长在零下 24 摄氏度极寒环境中。在南极，有些鱼类的血液中有自然防冻剂，使它们能够在其他生物冻僵凋零的地方茁壮成长。管状蠕虫生活在暗无天日的水下约 2 440 米处，依靠海底热泉喷出的矿物流为生。适应环境的冠军，非细菌莫属。它们可以在任何地方生存——从接近沸点的硫黄温泉边 7 到白蚁那充满蚁酸的肚子里。这样的事例不胜枚举。

　　遗传密码和所有生物的蛋白质结构分工合作，展现着卓越的灵活性。因此，各种生命形式都如机会主义者。这些机会主义者不会苦苦等待着合适的生存条件的到来。它们总是适应着现有的环境，并且充分利用身边一切可以利用的东西。

向黑暗生长

为了找到一棵树来攀附，龟背竹藤往往必须先朝黑暗中生长。一旦到达一根树干，它就改换策略，转而向有光的方向生长。

28

对火的适应

树脂能够防止黑松松塔上的锥鳞展开，这样种子就不会掉出来。有林火时，不仅树脂会溶解而释放种子，火还会留下能使种子生根发芽的一层肥沃的灰烬。

性爱邀约

有了以假乱真的气味、图案和绒毛，蜂兰能够诱使雄蜂来试图与之交配。

活的石头

生石花属的植物看起来就像石头，这样可以帮助它们避免被觅食的动物吃掉。

空心叶片

湿气凝结在猪笼草的叶的内部，然后被直接运送到根部。这些草根直接暴露在空气中，所以必须保持湿润。

如同腐肉

凭着一股恶臭，大王花吸引苍蝇来为自己授粉。

15. 生命在合作的主题下竞争

"融入"的策略

1. 每种生物的行为都符合自身利益。

2. 生物界通过合作而运转。

这两种说法看上去可能有些相互矛盾，但实际并非如此。生物都要为自己谋利益，而不是自我毁灭。[8] 当自私的行为趋向极致，通常会出现严重的反噬。处在统领地位的动物如果过于频繁地战斗，很可能会受伤。寄生虫如果杀死其寄主，就可能无处可去。这些自掘坟墓的策略通常会在进化路上被淘汰掉；从长远来看，大多数生物往往还是采取某种形式的"和睦相处"。

从近处看，世界似乎充满了竞争。但如果把距离拉远一点，生物合作的方方面面就会显现出来。百万颗精子互不相让，却只有一个能和卵子结合，这看起来就是一场赢家通吃的比赛。由于制造精子的成本很低，生物体便有能力制造很多，以确保至少一个精子成功与卵子结合。我们不必为那 999 999 个失败者哭泣。它们处于一个以确保受精成功为目的的系统之中，毫无疑问它们都尽职尽力了。同样的逻辑也适用于捕食者和猎物的关系。通常捕食者只能捉到猎物中最小、最弱或最不健康的个体，这样就留下了更适应环境的成员生存和

非竞争者

虽然这些涉水鸟肩并肩地觅食，它们实际上互不干涉，就像在不同星球上一样。每种鸟都用其独特的喙享用不同的食物。这样，每个品种都有自己专属的领域，这在一定程度上反映了大自然对"和平相处"的渴望。

30

繁殖。从个体层面上看，这确实是你死我活的竞争，但在种群层面，这是合作的表现。（虽然我们不认为生物个体能够从群体角度思考。）

植物和动物的进化起始于细菌界里狩猎者／猎物之间的和平免战协议。叶绿体（植物细胞中的制糖组件）和线粒体（动物细胞中的耗糖组件）的祖先最初就像捕猎者一般。[9] 它们入侵比它们大得多的细菌，利用却并不摧毁这些主人。这种"有限掠夺"是在进化过程中反复出现的主题，而在其中我们也能看到生物合作的开端。随着时间的推移，宿主变得更能容忍入侵者，甚至两者开始分享对方的代谢产物。最终，他们成为完完全全的共生体，即彼此的生存对对方都至关重要。这种渐进式的合作，为更高级的生命形式拉开了帷幕。正如生物学家刘易斯·托马斯所言，这样的过程说明了：不是"好人没好报"，而是"好人更长久"。

仪式化了的攻击行为

动物通过竞争来建立霸主地位。这样的争斗通常只涉及"展示"，很少会造成真正的伤害。这也可以被看作是合作行为。

从捕食到合作

一个寄生性的细菌侵入体型更大的细胞。

很多代之后，宿主和寄生菌开始分享代谢产物。

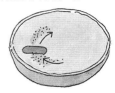

更多代之后，它们已经不分彼此。

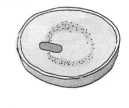

16. 生命相互联系又相互依存

海蛞蝓天生没有什么防御能力，但通过吃有毒的海葵并将其纳入自己的刺而拥有了保护自己的毒素。

鹦鹉鱼小心地噬咬礁石，而同时还以海藻为食。在这个过程中，它们把多余的钙以细沙的形式排出。每条鱼每年能制造13.6千克沙子，对海滩的形成起到了重要作用。

粉红藻利用珊瑚礁作为一个能够安全生长的居所。与此同时，它们分泌石灰质的"胶水，"对把礁石粘连在一起起到了举足轻重的作用。

螃蟹受益于海绵在它们的背上生长。一个生长良好的海绵可以阻碍章鱼捕食螃蟹。

在海鞘的肾脏中，生存着一种极微小的生物——肾原虫（Nephromyces，属于顶复门）。在肾原虫中，又有着一种特殊的细菌。肾原虫和这种细菌似乎都能够回收氮气，为海鞘所用。

相互作用的网络

造礁珊瑚虫在其细胞内包藏着一些微小的藻类。这些藻类能够促进珊瑚的生长，并从珊瑚那里得到二氧化碳和营养物质作为交换。

石珊瑚是一种大小有如豌豆、外形类似于一朵花的动物。如果不是因为能分泌作为其居所的杯状的石灰石，这种不起眼的生物很容易被忽视。当这些珊瑚不断地繁衍扩增，它们制造的"石灰石杯"也不断地叠加，形成庞大的"公寓楼"——珊瑚礁，这是地球上最大的由生物制造的结构。粉红藻占领了这些珊瑚礁的缝隙，用自己石灰质的分泌物把那些松动破碎的部分"粘结"起来。海龟草、海扇、海绵和软体动物附着在珊瑚礁的表面，海鳗则居住在黑暗的裂缝里。海星也来了，以珊瑚为食，却又常常成了棱尾螺的食物。几百种的鱼（其中有些植食，有些肉食）也闻风而至；而螃蟹、章鱼、虾和海胆也一起出现了。竞争和合作关系也慢慢建立起来。

雀鲷逡巡于大海葵的触手之间，它们对这些奇毒的触手完全免疫。螃蟹很受益于海绵在它们的背上安居乐业，以保护自己免受章鱼之害。清洁工鱼和小虾勤勉地为食肉鱼清理寄生虫，甚至时常出入于它们的鳃和嘴巴，而这样的工作是绝对安全的。海藻舒舒服服地住在珊瑚礁的小空隙中，大型海绵为数千种微小生物提供了居所。

你可以把珊瑚礁看作一个多层次、综合性的系统。归根结底，礁石中的一切生物都和其他生物相互联系，相互作用。例如，礁鲨的生存和珊瑚虫的生存是紧密联系在一起的，尽管两者可能没有直接接触，当然也没有意识到对方的存在。真正生存下来并不断演变的是组织模式——生物体加上其谋生和适应环境的策略。任何一个生物体对策略的成功改变都会在珊瑚礁社区引起一系列的调整。这就是所谓的协同进化，它的创造性力量在所有存在生命的地方都发挥着作用。

清洁工鱼在大鱼的嘴和鳃里安全地生活，并且帮大鱼去除寄生虫。

33

第二章

能 量

光与生命

每天，太阳发射的光芒以被称作"光子"的微小光包的形式，在茫茫宇宙中穿越 1.5 亿千米来到地球。在地球上，光能转变成热能，搅动着空气中、水中、沙粒中和石块中的每一个分子。就在光热的能量转换的过程中，生命截取其中一部分构建了具备生长、运动和繁殖能力的机体。生命如此成功，是因为它们找到了利用太阳能制造出高能分子的有效途径，这些高能分子又能将简单的小分子连接起来形成更复杂的长链大分子。于是乎，我们可以把地球上的动植物都当作一种有序的、靠捕获来的能量生成的化学键连接起来的链分子的聚合。

本章可分成两个均等的部分。在第一部分，我们要回顾基本的化学知识，介绍一些关键的分子，然后对生物界的能量流通做一个概述。这样对本书涉及的关于能量的知识，读者们就不会不知所云。如果你想了解更多详情，那本章的第二部分（从第 54 页起）将逐步介绍生物是如何获取、储存和利用能量的。我们可要提醒你：虽然我们尽量把事情简单化，然而生命的过程错综复杂，远非三言两语便可道尽其中奥妙。

植物、动物和微生物织成一张巨型的"细胞地毯"，覆盖在地球表面。这张巨毯需要源源不断的太阳能来维持自身的活力。而最终它将这光能的大部分转化成热能释放出来。

制造化学键

混乱中的大碰撞

有时候，剧烈的碰撞会使原子结合形成分子。

理论上来说，连续不断的碰撞可能使分子连接成长链。

在纽约市的中央车站，行色匆匆的旅客们各怀目标，四散奔走，人流看起来似乎没有秩序，彼此碰撞在所难免。想象下，某些旅客撞到一起用力过猛，以至于他们永久地粘连在一起！接着把他们想象成频繁随机碰撞的原子！如果原子与原子相碰时状态合适，力道足够强，它们之间就会产生化学键，并由此产生分子。这样的化学反应是发生在我们周围和我们身体内部一切事情的本质。

原子由带正电荷的原子核和绕核旋转的带负电荷的电子组成。

如果原子之间发生碰撞，它们通常会弹开，这是因为它们的带负电荷的电子会相互排斥

如果碰撞时力道足够强，电子将发生重排，可能为两个原子所共享。

为两个原子共享的电子有时候围绕其中一个原子核旋转，有时候围着另一个核旋转，这就是所谓的共价键。两个原子合二为一形成了一个分子。

另一种方式描述共价键：两个电子轨道，或者说两个电子"壳"，被连接起来了。

原子之间是如何连接在一起

在每个原子中，原子核所带的正电荷与核外围电子所带的负电荷数相等，因此整体上原子呈电中性。各种原子的原子核中，质子的数量是不同的，那么与之对应的外围电子的数目也不同，这也就导致了不同原子之间大小和重量的差异。比如说氧原子有 8 个质子，碳原子有 6 个质子，氢原子有 1 个质子。我们已知宇宙中存在着上百种原子，其中只有大约20 种对生命是至关重要的。

现在让我们后退一步，来仔细打量下原子吧。它有一个带正电荷的核（由带正电荷的质子和不带电的中子构成）和带负电荷、具有能量的电子，电子围绕着核高速旋转。当原子们像中央车站的旅客们那样碰撞时，绕核旋转的电子们由于同性相斥的原理便竭力把原子们分开。然而运动着的原子具有动能，即由于运动产生的能量。如果两个相碰撞的原子的动能很大，大到足以克服电子之间的排斥力，那么两原子之间将发生化学反应，它们的电子会被重新排列，最终两个原子合为一体；一些原子会共享彼此的电子，形成所谓的共价键。共价键是一种强有力的连接方式，正是它把那些构成生命的关键原子，如碳、氢、氧、氮、磷、等等，连接成了简单的小分子，再把这些小分子进一步连接成链状大分子的。

能量创建了化学键，化学键又相当于能量的储藏柜。能量就像燃料，在生物的细胞里燃烧，发挥作用，使生物能够完成运动、生长和繁殖之类的壮举。

分子的改变

有时候强烈的碰撞也可以使化学键断裂。能量以热能的形式释放出来。

化学键断裂

让我们回到纽约中央车站，现在候车室里挤满了"分子"——先前的碰撞使"人类原子"都粘连在一起。由于大家都着急赶车，这些分子就经常发生一些没有结果的磕磕碰碰。可偶尔也有一些碰撞的力量足够强大，角度也正好合适，在这种情况下，分子里的化学键就会被破坏。当化学键断裂，原子之间共享的电子将回到各自原来环绕着原子的轨道上，并且以热能的形式释放出能量。

细胞需要打开化学键，才能以多种方式重组分子，并且丢弃不再需要的分子。

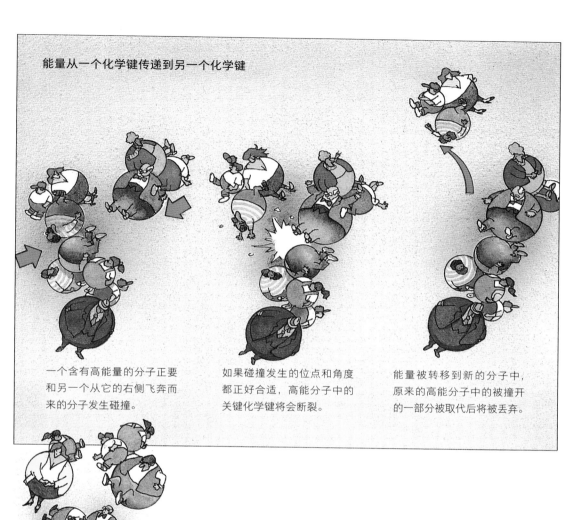

能量从一个化学键传递到另一个化学键

一个含有高能量的分子正要和另一个从它的右侧飞奔而来的分子发生碰撞。

如果碰撞发生的位点和角度都正好合适，高能分子中的关键化学键将会断裂。

能量被转移到新的分子中，原来的高能分子中的被撞开的一部分被取代后将被丢弃。

生命的存在有赖于分子之间变幻无穷的组合方式。主要采用碳、氢、氧、氮、硫和磷等区区几种原子，生物体就可以构建出它们需要的各种简单小分子和几乎可以无穷无尽地改头换面的长链大分子。

传递能量

　　某些分子中至关重要的化学键可以释放出异乎寻常的高能量。当这些高能化学键断裂时，它们的能量不一定完全以热能的形式散失，而是被捕获并储存到由原来的高能分子的一部分和别的分子新形成的化学键里，也就是说能量被转移到了新的分子中。所有重要的细胞活动，比如构建有机体、生物的运动等，都是由生命大分子蛋白质完成的。蛋白质就是通过上述传递的方式对能量进行操控。每当鸟儿扇动翅膀、枫树发出新枝或是蛤蚌张开它的壳时，实质都是化学键之间能量的传递。的确，所有发生在细胞里的生命活动都是各种化学键断裂、生成和能量传递过程的组合。

生命与能量定律

这是有序　　　　　这是无序

在一个物质和能量都趋于消散——也就是说在走下坡路的宇宙里，生命却得以聚集和整合——也就是说在走上坡路，这真是一件怪事。我们在右边的插图中把这一对矛盾做了个总结，这种矛盾看似显然，背后却另有真相，在下一页中我们将会做出解释。

生命逆流而上

令人称奇的事情是，生物体内所有繁杂的化学过程，事实上应该说宇宙中所有物质和能量的流动都遵循两条基本的热力学定律。热力学第一定律解释，在化学反应过程中系统可以获得或损失能量——能量可以在不同系统之间传递，但能量不会无中生有，也不会消失成空。一个孤立系统的能量应该总是处于收支平衡的状态。热力学第二定律则明确表示，能量总是不可避免地要流失、浪费、扩散；也就是说，能量总是从一种容易被利用的形式，比如光能、化学键能转化成一种更不易被利用的形式，比如热能。能量传播扩散的倾向和有序事件向无序发展的趋势被称作"熵"，物理学家们认为宇宙的总熵值总是在增加。

这实在令人感到困惑。如果宇宙中的能量总在扩散，如果万物总体上从有序向无序倾斜，那为什么生命看起来却像违背了自然规律？能量在不断地扩散，生命却随着时间的推移，变得越来越有序、复杂。生命是如何逆流而上的呢？

在考虑这个问题的时候，我们首先要明确这样的事实：生命从来就不能违反、逃避或凌驾于自然规律之上，它只是想方设法将自然规律化作自身优势罢了。

事物总有从有序向无序的方向发展的趋势

"我得好好收拾一下！"

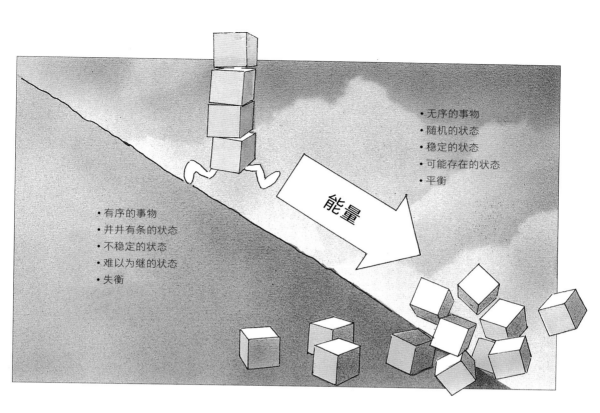

- 无序的事物
- 随机的状态
- 稳定的状态
- 可能存在的状态
- 平衡

能量

- 有序的事物
- 井井有条的状态
- 不稳定的状态
- 难以为继的状态
- 失衡

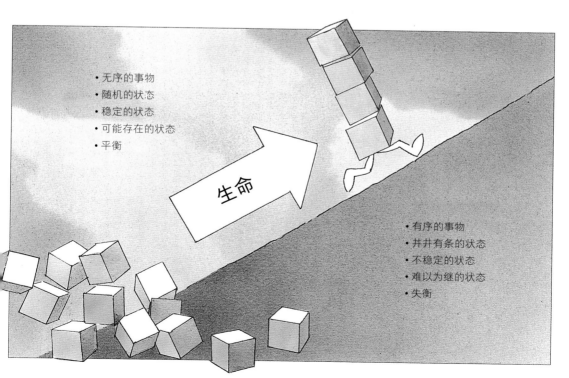

- 无序的事物
- 随机的状态
- 稳定的状态
- 可能存在的状态
- 平衡

生命

- 有序的事物
- 井井有条的状态
- 不稳定的状态
- 难以为继的状态
- 失衡

41

生命与能量定律

热力学第二定律带来的福音

想想地球上得天独厚的自然环境吧。我们这颗环绕太阳运行的行星和太阳之间的距离使它能够享受阳光带来的稳定、无尽的能量且免于烧灼之灾。太阳的光和热洒向地球，然后继续发散到沉寂寒冷的外太空，那里的温度接近零下273摄氏度，科学家们称之为"绝对零度"。这源源不断的太阳能，遵循热力学第二定律，让我们的星球保持着一种舒服又有活力的状态[1]——伴随着化学键不断地产生、断裂，能量不停地流动。这世界千变万化，永不停歇，都是因为能量总趋向于更加弥散的状态。一旦能量分散到达最大程度而不再传递，这世界将陷于死寂：所有东西都静止不动，所有的事物都迷失方向，连时间都停止了。

我们可以通过进一步了解化学键的形成过程来理解这个动态的世界究竟如何运作。每当两个原子之间形成化学键，一部分能量储存在化学键里，另一部分则以热量的形式扩散到周围。换句话说，化学键形成时消耗的能量要比键内储存的能量多，多余的那部分扩散到周围了。这种看起来十分浪费热能的行为，即遵循热力学第二定律，却也有积极作用。合理的解释应该是这样：如果那多余的能量不以热的形式扩散出去，那么它将滞留在附近，随时可能回流反攻，把化学键破坏掉。热量的扩散确保已经制造完毕的化学键保持完好，至少能保存一段时间，且生成化学键的反应是单方向进行的。原子之间化学键的形成能够编写生命的遗传信息；这种信息反过来又组建了分子排列秩序。这样一来，能量虽然递减，生命的信息却不断积累，生命的复杂程度如滚雪球一般增加。

因此，热力学第二定律并不对生命造成威胁，相反它维持了生命的存在：（1）来源恒定的，可被利用的太阳能，（2）利用能量构建结构稳定的生命分子，（3）信息链分子的组合（见下一章）。生命在能量的洪流中逆势而上，靠的不是什么特殊伎俩，而是在分子水平上坚韧不拔，持之以恒地再造与修复（就像右图中螃蟹抢修城堡那样）。

部分生成化学键时消耗的能量最终以热能的形式扩散出去。

这可以确保生成的化学键足够稳定，放心地参与构建生命的活动。要破坏化学键至少需要与生成化学键等量的能量。

沙雕的比喻

关于熵，可以用沙雕来做一个十分生动的类比。沙雕不可避免地会遭受到强大自然力——波浪的侵蚀而坍塌，回到它自己的原型，即一堆散沙。

在一个没有能动性的世界里，它将永远停留在这种散乱的状态。

生命既不能违反也不能逃避热力学第二定律，但是在一定的时间内它可以抵抗能量扩散的趋势。打个不切实际的比方吧，假如每一次潮水过后都有一支螃蟹大军抵达沙滩，开始奋力抢修沙雕，在下一次潮水涌上来之前修复工作宣告完毕！

当然，螃蟹们是不会这么干的。在生物体内，执行修复任务的是蛋白质。蛋白质的活动需要源源不断的能量供给；这能量来自太阳，是被转化成化学键能的太阳能。在一个具有能动性的世界里，坍塌的东西是可以被修复的。

43

生命与能量定律

能量传递与平衡态

生命好像一个装满化学反应的大袋子。

把自己想象成一个细胞，这样可以身临其境地观察微观世界的化学反应是怎么进行的。细胞正准备用几个小分子制造出一个大分子。我们把反应刚开始时的分子（或原子）叫作反应物，把由反应物生成的分子叫作产物。请记住，我们讨论化学反应的时候，实际上我们在讨论数百万个分子在一个有限的空间里高速运动，互相碰撞。分子越多，"中央车站"的旅客越拥挤，碰撞就越频繁，因此发生化学反应的可能性就越大。

在化学反应的起始阶段，反应物很多，产物尚不存在。反应开始后几秒钟内，上百万反应物分子都被转化成产物，导致产物不断堆积，生成速度也随之减缓。在某一时刻，当反应物和产物中蓄积的能量相等时，产物的数量便不再增加。但是这不意味着分子之间的反应已经停止，事实上反应物之间仍然相互碰撞生成产物，只是与此同时等量的产物又因频繁地碰撞而被打回原形，变成反应物。此时能量向着反应物和产物两个相反方向的流通量相等，总体来说系统已经不再发生变化。这时的状态就被称为稳态。（右图中两条狗被跳蚤咬可以做一个类比）。

稳态并不是生命意欲达到的状态，对细胞来说稳态意味着消极和死亡。活跃的细胞总是不停地给自己增添反应物或是消耗产物，离稳态越远越好。

起初，咖啡伴侣分子和咖啡分子泾渭分明（如截面图所示）。

随机的运动和碰撞使得咖啡伴侣分子逐渐扩散开。

无须搅拌的咖啡伴侣

咖啡伴侣在咖啡里扩散的情形很好地反映了热力学第二定律。咖啡伴侣分子一旦充分扩散开来，它们就保持这种扩散的状态，重新漂浮到这杯咖啡的表面的可能性几乎没有。尽管它们一直在运动，不停地撞上其他分子，但是咖啡伴侣分子在这杯咖啡里基本保持均匀分布的状态。

一段时间过后，咖啡伴侣分子遍布整杯咖啡。

狗狗们之间是如何传播跳蚤的 [2]

　　假设跳蚤可以在狗狗们中间无障碍地随意跳来跳去。如果一开始所有的跳蚤都集中在左边的狗身上，那么总体的趋势是跳蚤从左边的狗身上跳到右边的狗身上。

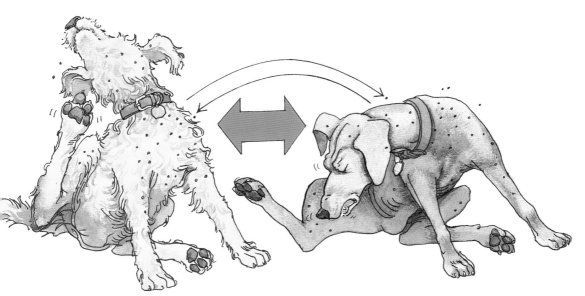

　　一段时间过后，尽管还有跳蚤以不变的节奏在两条狗之间穿梭跳跃，但两条狗身上的跳蚤数应该差不多。这就是一种稳态。如果想要保持跳蚤从左跳到右的趋势，那就要往左边的狗身上再多放一些跳蚤，或者是把右边的狗身上的跳蚤拿走。

45

ATP——能量分子

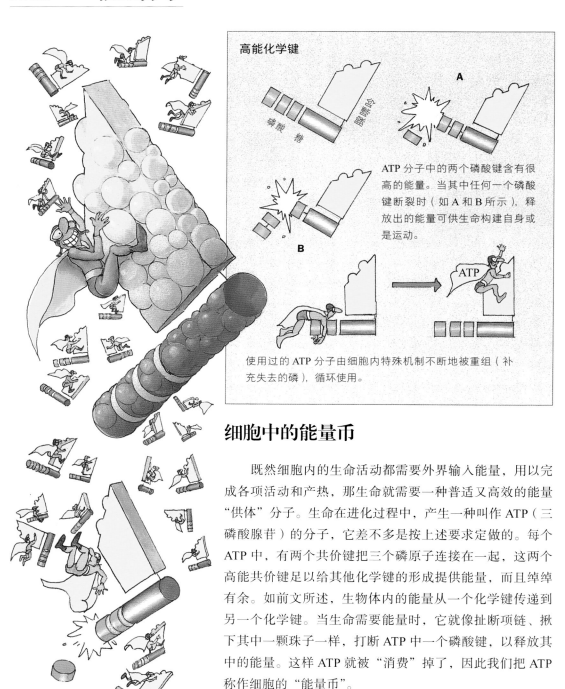

高能化学键

磷酸 糖 腺嘌呤

A

ATP 分子中的两个磷酸键含有很高的能量。当其中任何一个磷酸键断裂时（如 A 和 B 所示），释放出的能量可供生命构建自身或是运动。

B

ATP

使用过的 ATP 分子由细胞内特殊机制不断地被重组（补充失去的磷），循环使用。

细胞中的能量币

既然细胞内的生命活动都需要外界输入能量，用以完成各项活动和产热，那生命就需要一种普适又高效的能量"供体"分子。生命在进化过程中，产生一种叫作 ATP（三磷酸腺苷）的分子，它差不多是按上述要求定做的。每个 ATP 中，有两个共价键把三个磷原子连接在一起，这两个高能共价键足以给其他化学键的形成提供能量，而且绰绰有余。如前文所述，生物体内的能量从一个化学键传递到另一个化学键。当生命需要能量时，它就像扯断项链、揪下其中一颗珠子一样，打断 ATP 中一个磷酸键，以释放其中的能量。这样 ATP 就被"消费"掉了，因此我们把 ATP 称作细胞的"能量币"。

生命活动需要许多 ATP。在任何时刻，每一个活细胞里都有 10 亿个 ATP 分子。每隔两三分钟，这 10 亿个 ATP

的磷酸键被消耗，紧接着又被重建，由此推算出一个人每天循环利用的 ATP 达 1 千克左右之多！细胞对能量的需求量之大，可见一斑。

多面手：ATP 的用途举例

1. 制造生物信息链（见第 90 页）

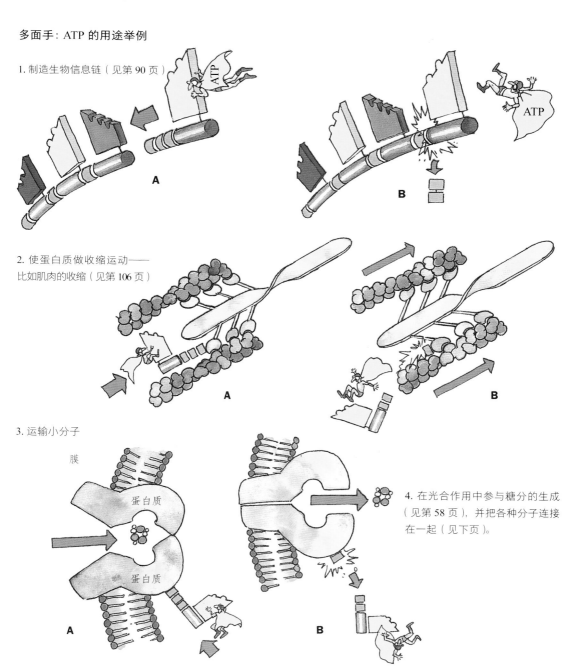

2. 使蛋白质做收缩运动——比如肌肉的收缩（见第 106 页）

3. 运输小分子

膜

蛋白质

蛋白质

A

B

4. 在光合作用中参与糖分的生成（见第 58 页），并把各种分子连接在一起（见下页）。

47

酶——生命活动中聪明的劳动者

每一种酶都有自己特异的功能

有的酶将分子破坏，有的则把分子连接起来，还有能使分子重组的。

酶类都有一些特殊的附着点，为小分子之间进行化学反应提供便利。

化学反应的调节员

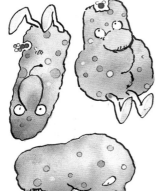

生命的成功运作光有能量是不够的。单纯依靠我们先前讨论的那些由分子间随机运动和碰撞而发生的化学反应，并不能够维持高度复杂的生命活动。生命不能只靠碰运气；它必须找到办法确保那些化学反应更快更顺利地进行。把分子调度到合适的位点并促使它们发生化学反应，这样的重任由酶来承担。酶是一种催化剂，即化学反应的加速因子和辅助因子。每种酶分子的表面都有一些特殊的附着点，是小分子十分理想的嵌合位点。一旦捕获了这些小分子，酶就会通过化学变构作用促使它们发生反应，我们可以说这是一种协助碰撞。

细胞里存在上千种酶。酶是大分子，比其催化的那些小分子要大几百至几千倍。几乎所有的酶都是蛋白质——由更小的分子（氨基酸，见第4页）构成长链大分子。这些链分子扭转、弯曲、折叠后形成不同的空间结构，很多情况下看起来像长着许多瘤子的、成块成块的土豆。酶的种类之多、用途之广令人赞叹。酶能够操控小分子反应物，调节反应过程，"读取"DNA的指令，接收化学信号并做出反应，等等。

酶与 ATP——一对活跃的搭档

撮合"不情愿"的分子们

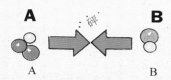

A   B

酶与 ATP 是一对充满活力的分子组合，相当于细胞里的蝙蝠侠和罗宾，携手构建生物体并使其运作起来。现在我们看看它们是如何排除万难，撮合一对不情愿的分子的。

1. 虽然分子 A 和 B 无休止地发生碰撞，但是很难形成化学键。它们就是"不情愿的一对"。

3. 仔细地调整好位置后，酶协助着把 ATP 分子里一个磷酸基团移植到"不情愿"的分子 A 上。

2. 酶把分子 A 塞进自己的一个附着点里，同时带上一个 ATP。

4. 然后，酶丢弃 ATP 的剩余部分，以便回收再利用。

6. 酶再一次对位置进行精确调控，然后把分子 A 的磷酸键打开，同时，分子 A 与 B 利用磷酸键释放的能量形成新的化学键，能量由此转移。

5. 接着，酶抓住分子 B，把它也放在一个离 A 较近的附着点上。

7. 原先"不情愿"的两个分子结合在了一起，而磷酸基团一旦完成使命，便遭丢弃。

能量在生物界的流通——宏观图

初级生产者

生物圈中比重最大的是能够进行光合作用的生物：绿色植物、藻类、浮游生物以及光合细菌。它们是生产糖类的专业户。

食草动物

动物界里比重最大的是直接摄取植物中的糖类的食草动物，包括吃树叶、树皮和草的动物，所有吃种子和果实的鸟类，大部分的昆虫和以浮游生物为食的海洋生物。

食肉类

形形色色的捕猎动物和腐食动物以食草动物为食，包括所有的猫科和犬科动物、大多数水生哺乳动物、大多数爬行类动物、蜘蛛、海星纲动物，甚至还包括少数几种植物，比如捕蝇草。

分解者

这一组生物靠降解以上三类生物的排泄物或是它们的尸体来榨取生物圈里最后一点残存的能量。这组成员主要有细菌和真菌，也包括蛆虫、屎壳郎和蚯蚓。

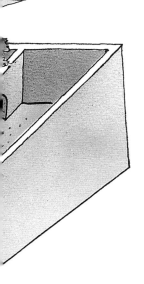

从植物到食草动物再到食肉动物

能量单方向地、递减式地流经每个生物体，流过整个生物界。所有进入地球生物圈的能量最终又都离开，以热能的形式扩散到太空中。一路上能量渗过几个阶层的"消费者"（如左图中几个分隔的小室）。

在第一层，绿色植物（和光合细菌）捕获太阳光能并把它储存在糖分子——生物界最基本的食物的化学键里，这一过程就是光合作用。植物生产糖是为了满足自身的需要，但是其他生物都因之受益。食草动物直接食用植物以获取其中糖分，食肉动物则通过捕食食草动物，间接获取它们需要的那一份糖。而第四组生物，"分解者"（主要是细菌和真菌）[3] 以分解前三组生物的排泄物和尸体来获取糖分。

大多数生命个体的能量都在新陈代谢——生物体内物质的合成与降解过程中被消耗掉了，剩下的被储存在化学键里的只是流经该生物体的全部能量中的一部分。因此"食物链"就像一个倒置的金字塔，连续的每一层的消费者只汲取一部分流过该层的能量。比如3平方千米的草地能养活大概100只羚羊，这些羚羊又可以让一只狮子不愁饿肚子。一头羚羊吃掉的草只占这块草地上草总量的1%，而一只狮子只吃掉羚羊总数的1%（这算不上什么狮子大张口！）。在一个可持续性很强的生态系统里，狮子的数量永远不会超过羚羊的数量，羚羊的数量也会低于草地的承受限度。

这样看来，植物（同理类推，早在植物出现之前就已经存在的细菌也应包括在内）实在是生物界的先头部队。而以人为代表的动物，则是在植物制造的糖类（还有氧气，制糖过程中的副产物）积累到足够多的数量时才登上了进化的舞台。事实上，我们欠着植物三重人情：（1）植物是我们的燃料；（2）燃烧这些燃料所需要的氧气也是植物制造的；（3）植物保护我们免受燃烧燃料时产生的二氧化碳所导致的温室效应的炙烤。生命活动和我们发明创造的工业释放的二氧化碳堆积在地球的大气层中，造成地球散热困难。植物能消耗大量的二氧化碳，使我们不至于过热。

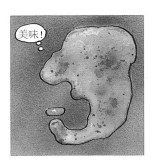

从各个角度来看，不能直接转化太阳能的生物体都必须依靠那些有这种本领的伙伴们。图中的阿米巴正张开大口要把一个光合细菌吞掉。

能量在生物界的流通——微观图

从生产糖到消耗糖

能量从由动物、植物和微生物组成的复杂食物链中川流而过。在能量的吸收、转换、利用这些环节上，生物体都采用了更简单的模式。不可思议的是，所有植物和动物的细胞内，竟然只有两种细胞器参与了上述工作。植物细胞中，叶绿体利用太阳光进行光合作用生产糖类；在植物和动物细胞内，线粒体分解糖、生成ATP，这个过程即为呼吸作用。能量传递的真实过程可被简述成这样一个模式：阳光→糖→ATP→热能（当ATP被消耗时会释放热量）。

实际情况要更复杂一点：为了生成糖，叶绿体首先会合成ATP，那些参与造糖的酶需要ATP才能发挥作用。你可能要问了，既然叶绿体能够合成ATP，为什么还要生产糖呢？那是因为糖类不仅为细胞提供能量，还是构建细胞的原材料之一。正如我们在第一章里说的，细胞可以把糖（葡萄糖）转换成一系列分子，特别是蛋白质的基本组成成分"氨基酸"，以及RNA和DNA的基本组成成分"核苷酸"。

如果我们换个视角，不只关注能量，而是追寻构建生命材料的足迹，我们会发现这些材料永远在更新、循环：叶绿体采用最简单的小分子——二氧化碳和水来制造糖，并释放氧气。线粒体正好相反：它采集氧气和糖，让二者混合发生反应，终产物是水和二氧化碳。细胞内这两种作用过程组合起来便形成了一个简单而美妙的环路：吸入的是水和二氧化碳，排出的还是水和二氧化碳，中间过程却是超乎想象的复杂。

能量如流水一般穿过生物体，并无回头之路。

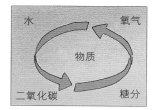

组成生命的分子在一个环路中循环往复。

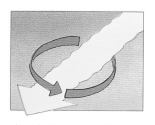

这两个过程——能量的流通和物质的循环，叠加在生命体系之上。

52

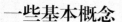

一些基本概念

在微观水平上，能量是这样穿过生命机体的。

植物细胞内的叶绿体捕获太阳光的能量，并把它转换成糖分子里的化学键能。

糖是生物世界里可以储存、运输的燃料；它同时也是构建机体的基本原材料之一。

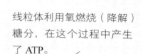

线粒体利用氧燃烧（降解）糖分，在这个过程中产生了 ATP。

ATP 分子中的高能磷酸键可以为新的化学键的形成提供能量，只有这样生命活动才成为可能。

ATP 的残余分子标志着能量供给线的终点。

温馨提示：
在本章接下来的 16 页里，我们将要详细讨论能量的转换过程。这些复杂的过程对于有兴趣的读者来说十分有益；对于想要轻松阅读的读者呢，会有点挑战。
您完全可以跳过本章剩下的这部分，直接进入第三章而不用担心遗漏什么基本的信息。

叶绿体舞厅

一个亢奋的电子从某位舞者身上被甩了下来。

被甩到了一个旁观者身上。

于是她被激活了。

电子的跳跃

叶绿体舞厅里，灯光闪烁。随着灯球转动，乐队奏起了"跳跳糖"，舞者们如痴如狂。突然一位旁观者受到正在热舞的一对舞伴的感染，也开始移动双脚跳起舞来。马上，另一位旁观者被这一位带动起来，也加入跳舞的行列。很快，这种联动效应呈波浪式传播开去，每一位受到感染的旁观者都带动下一位参加热舞。

这些跳着"摇摆舞"的分子们向我们展示的，好比将光能转化成化学能 ATP 的反应的初始步骤。光能可以激发分子中某些电子，使它们跳跃到一个能量更高的轨道。那些被激发的电子，从一个分子跳跃到另一个分子，再到下一个分子，由此形成电子流。于是出现了下一个步骤——"离子大挪移"。

就这样，这股能量从一个舞者传到下一个舞者。

54

氢离子

氢原子是最小的原子（用 H 来表示），它很容易就会释放自己唯一的电子，只剩下一个带正电荷的原子核——氢离子（用 H⁺ 来表示）。

离子大挪移

　　精力充沛的女舞者（带负电荷，因为她们获得了电子）旋转着来到男舞者（带正电荷，因为他们了失去电子）身边，双方携手翩翩起舞。当他们旋转到看门的彪形大汉身边，门卫就一把抓起跳舞的男子，一个个扔进旁边的休息室中。休息室里男舞者越来越多，大家越来越急切地渴望出去。这屋子唯一的出口是一道旋转门，旋转门同时又能启动一台组装 ATP 的机器。

1. 女性舞者和男性舞伴共舞，因为异性相吸嘛。

3. 休息室里的男人越来越多，他们也越来越迫不及待地想要从这拥挤的屋子里出去。（还记得热力学第二定律吗？）

2. 门卫把男人一个个抓过来，扔进休息室。女人们精疲力竭地离开。

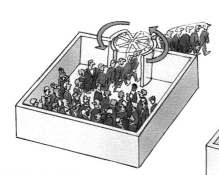

4. 这屋子唯一的出口是一个旋转门，他们从这里出去的时候门会旋转。

5. 旋转门带动着一架机器，给 ATP 残体重新加上末端的磷酸基团。

光合作用——采集阳光制造糖类

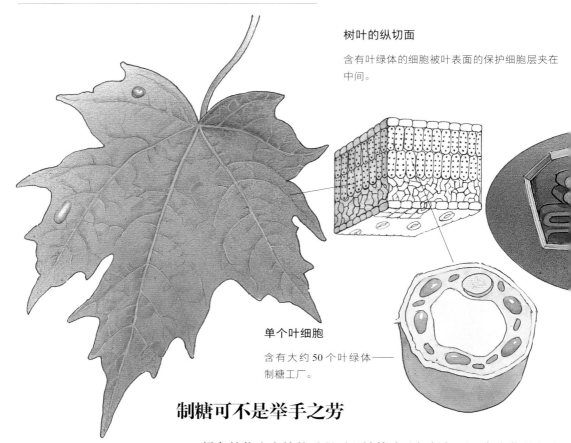

树叶的纵切面

含有叶绿体的细胞被叶表面的保护细胞层夹在中间。

单个叶细胞

含有大约 50 个叶绿体——制糖工厂。

制糖可不是举手之劳

据估计，一棵成年的健康枫树的树叶总面积将近 50 平方米，总重量约 227 千克。这意味着这棵枫树的叶绿体总面积为 360 平方千米，在晴朗的一天中，它可以制造 2 吨糖！

　　绿色植物生产糖的过程可以被简略地概括如下：富含能量的光子打在叶片里的叶绿素上，叶绿素分子里的电子即被激发跳到能量更高的轨道上（1）。这些精力充沛的电子，连续跳过一串叶绿素分子（跳着摇摆舞的女人），最后落在一些更小的载体分子上（其他的女舞者）（2）。叶绿素分子丢失的电子由水分子分解释放的电子来补充，然后叶绿素会再次投入战斗之中（3）。带负电的载体分子易于吸附氢离子（男舞者），并将氢离子转交给一种蛋白质（看门的壮汉）（4），这种蛋白质可以把氢离子扔进叶绿体里的类囊体（5）。类囊体内氢离子越积越多，氢离子们便急着以一种酶作为通道（旋转门），夺门而出，这个集体外流的过程能促使酶合成大量 ATP（6）。电子再次被光能激活（7），在一种叫作烟碱胺腺嘌呤二核苷酸（NADP）的特殊分子上与氢离子结合，形成活性极高的"热氢"（8）。此后，一组酶利用 ATP 的能量，将周围环境中二氧化碳与"热氢"结合在一起，终于生产成糖（9）。接下来的四页将详细解释上述步骤。

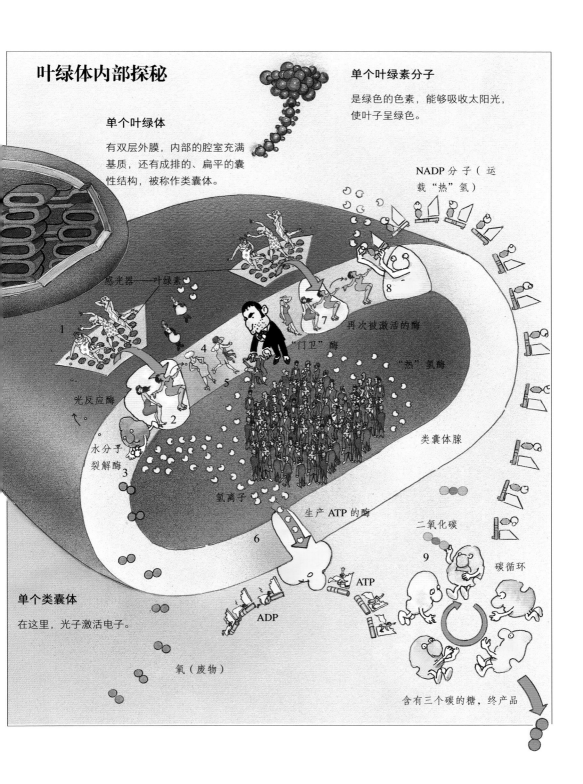

叶绿体内部探秘

单个叶绿素分子

是绿色的色素，能够吸收太阳光，使叶子呈绿色。

单个叶绿体

有双层外膜，内部的腔室充满基质，还有成排的、扁平的囊性结构，被称作类囊体。

NADP 分子（运载"热"氢）

感光器——叶绿素

1

再次被激活的酶

7

"门卫"酶

8

"热"氢酶

光反应酶

4

2

5

类囊体腺

水分子裂解酶

3

氢离子

生产 ATP 的酶

6

二氧化碳

9

碳循环

ATP

单个类囊体

在这里，光子激活电子。

ADP

氧（废物）

含有三个碳的糖，终产品

光合作用

分步解析

在这几页里，我们要分步解析光合作用。先是简要概括，然后详细描述。我们把光合作用过程分解成若干步骤，但是请你注意，这其实是个连贯、快速的过程。

基本概念

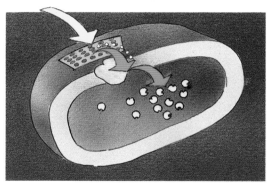

把离子纳入囊中：被阳光激活了的电子能帮忙把氢离子送入囊中。

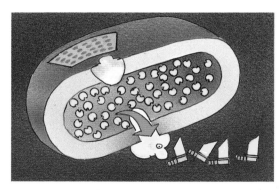

生产 ATP：逃逸的离子从酶通道涌出囊腔，启动了 ATP 的生成程序。

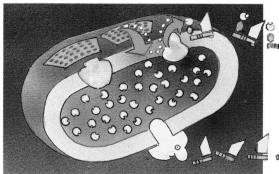

生产热氢：电子再次被阳光激发，与氢离子结合，并依附在 NADP 的分子上。这时候氢就变成了"热"氢。

制糖：一系列酶利用 ATP 的能量，将热氢与二氧化碳结合起来制出糖类。

详细过程

1. 叶绿素分子成簇地排列着，充当阳光感受器的角色。

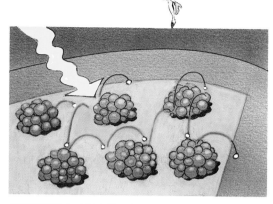

当阳光照射在叶绿素分子上时，它们的电子被激发到能量更高的轨道上，四处跳跃着，直到……

2. 一种特殊的叶绿素——酶复合体把电子转移到类囊体膜上的载体分子中。

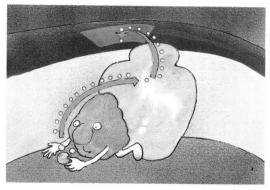

3. 叶绿体丢失的电子将由来自水分子的电子补充。

一种裂解水分子的酶把一个水分子分解成两个电子，两个氢离子和一个氧离子。

4. 因为异性相吸的原理，载体上的电子能够吸引类囊体外的氢离子。回忆一下，我们讲过一个电子加上一个氢离子就能形成一个氢原子。

光合作用

详细过程

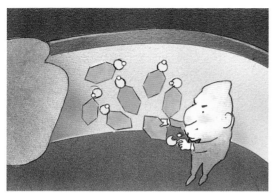

5. 当载体到达类囊体的内膜时，"门卫"酶抓走了氢离子。

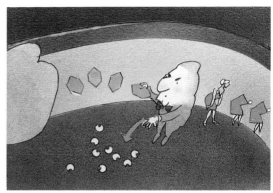

氢离子被扔进囊内，剩下的电子另有用途。

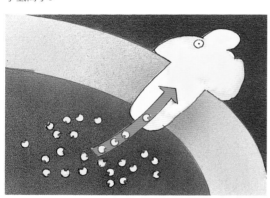

6. 氢离子离开类囊体的唯一通道是膜上的一种能够生产 ATP 的酶。

这种酶能够提供能量，给已经消耗的 ATP 残体重新加上磷。

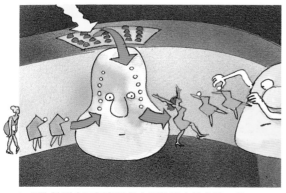

7. 原先被剥夺了氢离子的电子被用来补充第二种叶绿素分子受光照激活而损失的电子。重获电子的叶绿素又要投入下一轮战斗了。

8. 最后，一种"热"氢酶把被激活的电子和一个氢离子一起转移到最后一个载体——NADP 上。

详细过程

9. 现在战场转移到了基质——在叶绿体以内，类囊体以外的地方。碳循环开始了，这个过程中有 5 种酶协作，利用 ATP 和叶绿体刚刚制作好的"热"氢生成糖的前体分子。

酶 A 把 3 个二氧化碳分别加到 3 个五碳糖分子上（这里没有显示氧）。生成的 3 个六碳糖又分解成 6 个三碳糖。

酶 B 用 ATP 激活这些三碳糖片段，

酶 C 给这 6 个糖分子片段加上氢，但是只把其中的一个片段踢出流水作业线。

酶 D 把剩下的 5 个三碳糖重新进行排列组合成 3 个五碳糖

酶 E 用 ATP 把这 3 个糖分子激活。

循环又开始了。

凭空制糖 [4]

　　也许生命最令人叫绝的事情是用空气就能造出有机物。一个由 5 种酶组成的团队担负这项攻坚战，它们要把二氧化碳转化成糖。当中间产物分子从自己身边经过时，每种酶便给产物做些小小的修饰。在几处关键环节，它们需要 ATP 供能；这个过程要用到位于 NADP 之上的"热"氢。很有意思的是，这种酶催化的循环反应，总是需要一些产物来刺激反应过程，以生产更多该产物。这时候，每 6 个参与碳循环的糖分子片段，在循环结束后只有一个被组装好，作为终产物离开流水作业线。其他 5 个糖分子片段则继续循环，因为它们要回到碳循环的起始阶段发挥作用。这样一条生产线，每组装成 6 个终产物，就有 5 个被送回去重新参与循环，听上去好像利用率太低了；别担心，由于酶的工作速度极快，每秒钟仍能生成上千个产物分子。

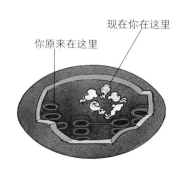

现在你在这里

你原来在这里

为碳鼓掌

一截只有两个接口（一端一个）的短管子

只能连接成一段更长的管子（主干管道）。

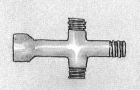

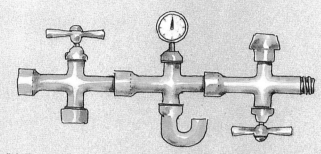

但是一截有四个接口的管子可以连接形成主干，而且主干上还会有分支可以连接更多其他的物件，这样一来每一段主干管道都各具特色。

碳在生命世界扮演着如此重要的角色，以至于我们可以说生命是以碳为基础的（人体内就有24%的元素含量是碳）。这种至高无上的地位，来自碳独一无二的，能与其他原子建立起四个相互独立的化学键的本领（也就是说，碳可以贡献四个电子与其他原子共享）。氧能和其他原子形成两个键，而氢只能形成一个（另一种构建生命体的重要元素——氮占了体内原子总数的1%，它可以形成三个化学键）。我们用水管来打个比方，你就能明白碳原子那套强大的形成化学键的本领是多么无价。现在，有一款两端各有一个接口的短管子，彼此连接可以形成一根长长的水管，但仅此而已。如果短管子有三或四个接口，那它们连接成的长水管上，就有许多垂直接口可用来连接其他的物件。同样的道理，在长链大分子中，碳不仅能延长分子主干的长度，还能使主干生出侧链吸附更多基团。主干是长链分子的支撑结构，侧链基团则赋予该分子独特的化学性质和有价值的生物信息。

关于糖

碳循环的目的是不断生成三碳糖分子片段（半糖）。这标志着光合作用的结束，但却不是糖分子片段生产线的终点。这时候，它们会被运出叶绿体、进入细胞质，胞质里的酶会把它们成对地连接起来，形成一种叫"葡萄糖"的六碳糖。葡萄糖经常乔装打扮成蔗糖、核糖、乳糖、纤维素、淀粉和糖原等，其足迹遍布所有的生活细胞。葡萄糖提供了生命活动所需的全部能量和几乎一切构建生物体的原材料。

范·海尔蒙特的实验

15世纪以前，人们认为植物体的各部分——根、主干、枝条和叶都来自植物生长的那块土壤。1630年，一位名叫扬·巴普蒂斯塔·范·海尔蒙特的来自弗兰德的医生做了一个简单的实验：把一根2.3千克重的柳树枝插到重90.7千克的土壤里；5年后，经过辛勤浇灌，原先的枝条重量增加了74.8千克，而土壤只损失了0.9千克！范·海尔蒙特因此得出结论：构建柳树身体的物质并非来自土壤，而一定源于水。这个结论的第一部分是正确的，但第二部分只对了一半。那时人们还不知道有机体的物质基础是碳，范·海尔蒙特也没想到空气能充当生命物质的来源。不过，他的实验仍然具有意义，因为通过仔细称量，他至少排除了土壤是植物体物质来源的说法。在寻求真理的道路上，人类又前进了一小步。

晚年的范·海尔蒙特又对木材燃烧时产生的气体感兴趣。他称之为"木气"，可惜的是，他从未意识到这"木气"其实就是大自然用来喂养他的柳树长大成材的二氧化碳。

呼吸作用——分解糖，生成 ATP

缓慢地燃烧

制造 ATP 就像烧木柴。烧木柴时，你点燃富含氢和碳的物质，打断它们的化学键，把剩下的分子碎片和氧气混在一起，生成二氧化碳、水和热。糖在线粒体里燃烧降解的时候，化学键也被打断，也和氧混在一起，形成了二氧化碳和水。但是在线粒体里，糖的一半能量转化为热能，另一半则被储存在 ATP 的磷酸键中。为了完成这样的任务，酶着实地"手刃"糖分子，攫取它的氢原子。从这些氢原子脱离出来的电子沿着线粒体的膜流动，最终产出 ATP。

这个过程可被归纳如下：酶降解食物（糖分子片段），攫取富含能量的氢（1）。酶又把来自这些氢的电子传给线粒体内膜上的一系列载体，并沿途收集氢离子（2）。随后，酶把氢离子和载体分开，送至膜间隙（3）。越积越多的氢离子强行通过能制造 ATP 的酶（4）。最终，电子、氢离子和氧原子结合产生水分子（5）。

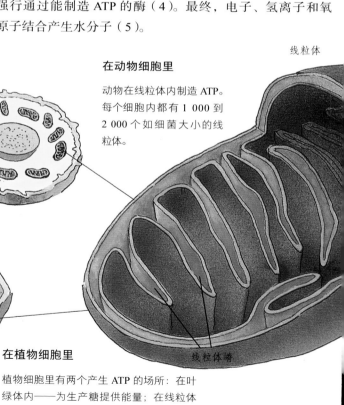

线粒体

在动物细胞里

动物在线粒体内制造 ATP。每个细胞内都有 1 000 到 2 000 个如细菌大小的线粒体。

在植物细胞里

植物细胞里有两个产生 ATP 的场所：在叶绿体内——为生产糖提供能量；在线粒体内——为其他所有生命活动提供能量。

线粒体嵴

线粒体内部探秘

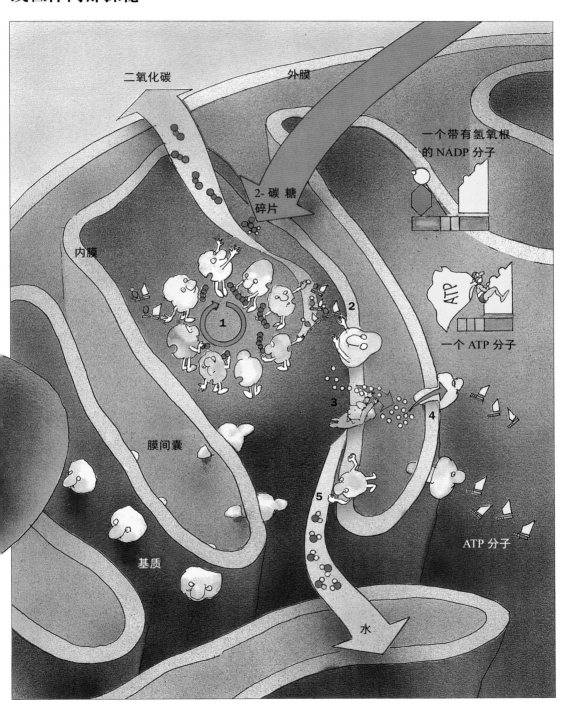

二氧化碳

外膜

一个带有氢氧根的 NADP 分子

2- 碳糖碎片

内膜

ATP

一个 ATP 分子

膜间囊

基质

ATP 分子

水

呼吸作用

分步详解

线粒体内的呼吸作用和叶绿体内的光合作用类似，它们几乎互为逆反应。这两个过程都涉及酶的作用和膜电子流。右图中的数字和前文概要中的数字对应。

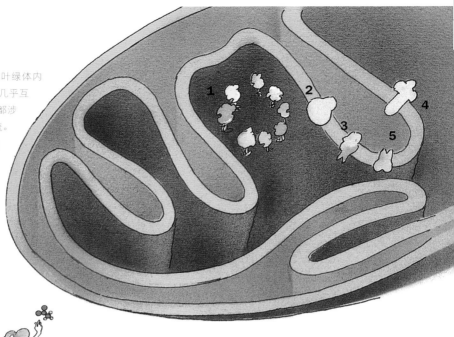

基本概念

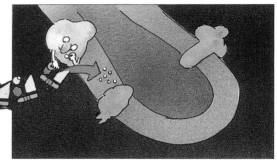

摄取"热"氢：酶从糖分子那里摄取氢，并把它们放置在载体上。

发动电子流：另一个酶从"热"氢那里夺取电子。

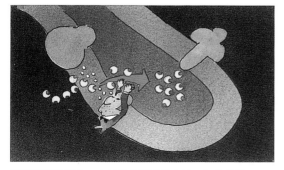

把离子装进囊中：电子流会吸引氢离子，氢离子进而又被置放到线粒体嵴的膜间囊中。

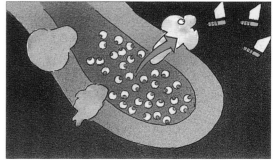

产生 ATP：离子以一种能够产生 ATP 的酶为通道从囊中涌出时生成 ATP。

详细过程

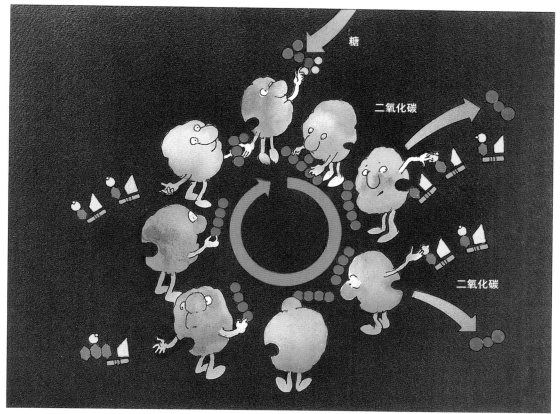

糖

二氧化碳

二氧化碳

1. 葡萄糖（六个碳）经过糖裂解过程后变成二碳糖片段进入线粒体（上图）。在这个循环过程中的几个环节上，有几种酶作用于这些糖的分子片段来摄取其中的"热"氢。碳与氧结合释放出二氧化碳作为废弃物，动物把它呼出体外。

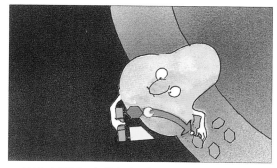

2. "热"氢源源不断地流淌，把它们的电子呈交给内膜上的一种酶。

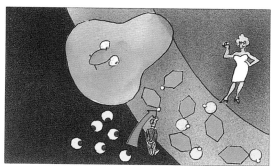

这酶又把电子转交给膜上飘移着的载体分子。每个电子都被氢离子捕获（在载体上生成氢原子）。

呼吸作用

详细过程

3. 载体随意"漫舞"，把这种高活性的氢原子再转移给其他的酶。

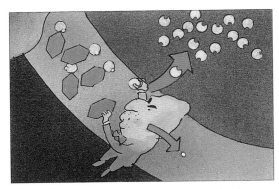

酶使电子从载体上脱离，把剩下的氢离子放入膜间囊。

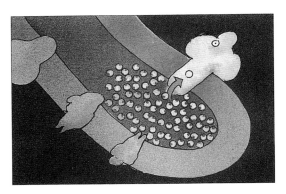

4. 膜间囊里的氢离子不断堆积，一些离子通过膜上能够产生 ATP 的酶外流。

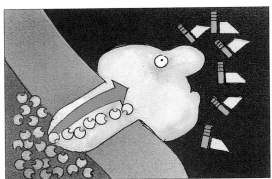

离子流通过酶通道的时候给酶提供能量，这样酶就可以给消耗过的 ATP 残体重新加上磷。

于是一股稳定的，重新焕发青春活力的 ATP 分子流出现了，准备给细胞的各项活动提供能源。

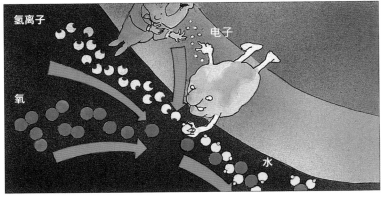

5. 同时，第四种酶把废弃的氢离子和氧结合起来生成水，这也是呼吸作用产生的废物。

发现氧气

很久以前，人们把物体燃烧时升起的火焰当作某种基础物质"被释放"出来的证据。18世纪，这种物质被称作"燃素"。科学家们发现，如果在一个密闭的空间里燃烧东西，火焰很快就会熄灭。进一步的研究发现，这时候密闭空间已经不再适合动物生存了。看起来，"燃素的堆积"抑制了火焰的燃烧和动物的存活。接着科学家们发现，这时如果放进去植物，那充斥着"燃素"的空间便再次焕发生机，前提条件是该植物受到太阳光的照射。由于某种原因，该植物好像能抵挡燃素的抑制作用。

伟大的法国化学家安托万·拉瓦锡（AntoineLavoisiter）决定对燃素的本质进行深入研究。18世纪80年代，他仔细称量了参与物质燃烧的各种成分的重量。结果表明，金属燃烧时会融化，可最后它的重量却增加了。更重要的是，其增加的重量恰恰等于周围空气减少的重量！（木柴燃烧后剩余的灰烬当然比木柴本身轻，因为木柴和金属不一样，木柴含有的纤维素与氧气结合，生成二氧化碳和水，作为烟的一部分扩散开去了。如果把灰烬和逃逸的气体重量加在一起，应该会超过木料本身的重量。）

后来，拉瓦锡把空气中与金属结合的那部分气体称作"氧气"。就这样，燃烧的真相水落石出了，空气里的氧气因被燃烧耗尽，空气便不能继续支撑燃烧或生命活动了，因为这些过程需要氧气。而植物可以通过光合作用释放氧气，使"无氧空气"重新活跃起来。

听听氧气的故事

在氧气最初出现在地球的大气层中时，它对有机体来说其实是有毒的，因为它会催生一些损伤DNA的离子基团。但是，就像进化过程中经常出现的情况一样，不利的条件也可能创造新的机遇。有些被称为"呼吸者"的有机体进化出了各种机制来中和原本不受欢迎的离子基团，从而适应氧气的存在；它们展现出了蓬勃的生机。

氧能大大提高有机体生产能量的能力。一个"发酵者"——不需要氧气的微生物，只能从一个葡萄糖分子中获得两个ATP。一个呼吸者却可以得到20个！凭借这样的优势，呼吸者，包括多种细菌和不折不扣的一切多细胞生物，便统治了生命世界。

说到氧在呼吸过程中的作用，有件事情还挺奇怪的。实际上，氢原子，更确切地说是氢的电子和离子，而非氧原子，才是有机体产能的必需物质。但是有机体需要一种方法可以清除滚滚而生的被废弃的氢。这时候氧就发挥作用了，它与无用的氢结合成水（H_2O）。由此可见，我们的生命如此倚重的氧，却未出现在表演的前台；而只在演出结束时才来到后台，把那些精疲力竭的表演者接走。

69

糖酵解

无氧产能量

在地球上，在古老的海洋诞生任何能够进行光合作用的生物之前，有机体都必须在无氧的条件下从糖类中汲取能量。这种方式是在动物细胞内被称为酵解，在微生物学上被叫作发酵的过程的原始形态。这个过程中，每个葡萄糖分子在一系列酶的作用下分解成小片段，产生两个 ATP 分子。尽管和动物细胞通过呼吸作用进一步降解糖分子片段，进而获得 20 个 ATP 相比，两个 ATP 真是微不足道，但这种分解过程却是动物体内在紧急状况下十分重要的能量来源。比如，短时间内肌肉强力收缩，导致能量需求激增（就像百米冲刺），血液无法及时地将氧气运输到肌肉组织，这时候糖酵解便成了 ATP 的来源。

在古老的海洋里，比光合作用和氧气更早出现的是，消耗了许多糖类似物的某种原始的糖酵解过程，这大概是生命最早形成的可利用能源的方式。

在植物细胞内

叶绿体生产的半葡萄糖片段在细胞质内被两两组合成葡萄糖后，便以其他形式（如蔗糖和淀粉）储存起来。需要时，葡萄糖经过糖酵解作用，变成二碳小片段。这些小片段在线粒体里进一步降解，产生 ATP，给植物提供生命活动所需的能量。

咔嚓
咔嚓
咔嚓

巴斯德的葡萄酒

人类对发酵——把糖变成酒精的兴趣有着十分悠久的历史。直到 1860 年，这个过程仍被认为是纯化学反应，与生物无关。后来，路易·巴斯德证明发酵是一个有生物参与的过程，这些生物包括酵母菌和细菌。他发现，通过巴氏消毒法——用高温杀死能使酒产生酸味的细菌，可以防止葡萄酒和啤酒变质。他的成果不仅让法国的葡萄酒和啤酒制造业受益匪浅，而且促使了人们在 20 世纪初发现动物和植物的细胞中都存在发酵过程。这里的"发酵"又被称作"糖酵解"，意思是糖在发酵过程中被分解，并伴随着 ATP 的产生。很快人们又发现，肌肉的收缩与糖酵解和 ATP 的产生密不可分，即在肌肉收缩的同时，ATP 被迅速地消耗掉。基于这些发现，我们终于明白了：不需要氧气的糖酵解和需要氧气的呼吸作用都能产生 ATP，共同为细胞活动提供能量。

在动物细胞内

动物吃植物，植物体含有的葡萄糖分子经糖酵解作用变成二碳小片段，这些小片段在线粒体中进一步降解，产生 ATP，给动物提供生命活动所需的能量。

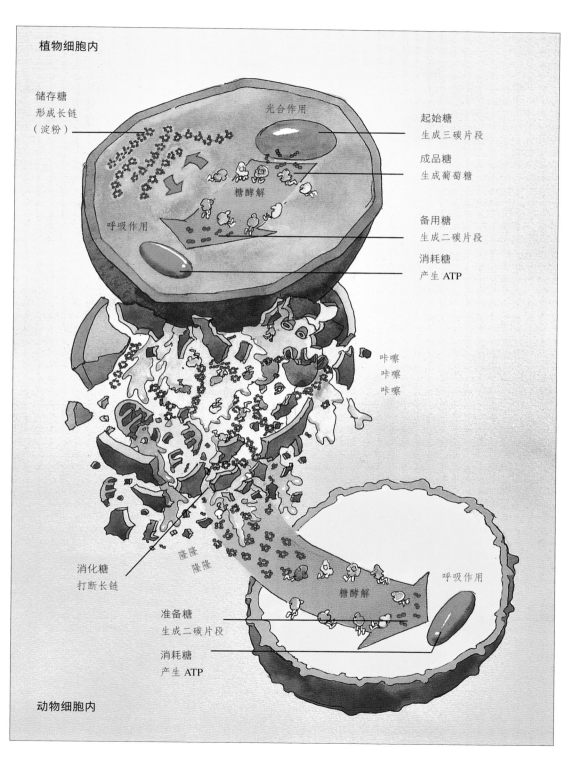

植物细胞内

储存糖
形成长链
（淀粉）

光合作用

起始糖
生成三碳片段

成品糖
生成葡萄糖

糖酵解

备用糖
生成二碳片段

呼吸作用

消耗糖
产生 ATP

咔嚓
咔嚓
咔嚓

消化糖
打断长链

隆隆
隆隆

呼吸作用

糖酵解

准备糖
生成二碳片段

消耗糖
产生 ATP

动物细胞内

71

集体的能量

生物光

在过去 40 多亿年的时间里，曾经以游离态存在的细胞联手组成团结合作的群体，我们称之为多细胞生物。在多细胞生物体内，每群细胞承担着不同的职责，形成肌肉、大脑、骨骼、皮肤，等等。额外的功能，往往意味着要额外地生产和消耗以 ATP 为形式的能量。与其做孤军奋战的狩猎－采集者消耗能量，不如做特异性化的细胞，分出自己的一些 ATP，去完成一些具有"公民义务"性质的、能使整体受益的任务。萤火虫的尾巴上单个细胞本身并无发光的需要，可这些细胞属于一个更大的、需要交配繁殖的细胞集体，那么尾部细胞发光就变成一项至关重要的消耗 ATP 的活动。

从细胞角度看

萤火虫体内，每个细胞都必须生产 ATP 以满足自身需求。

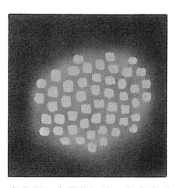

此外，尾部细胞还得生产额外的 ATP 使整个尾巴发光。

当几百万个尾部细胞一起发光时，萤火虫交配和生产更多后代的机会便大大增加。

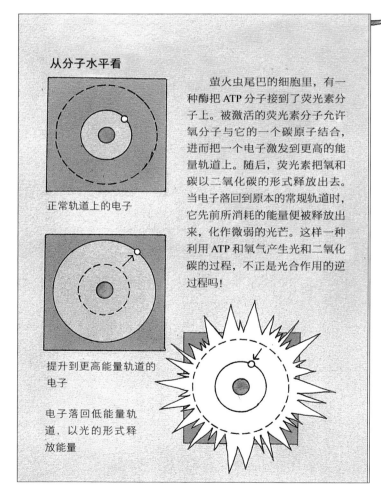

从分子水平看

萤火虫尾巴的细胞里，有一种酶把 ATP 分子接到了荧光素分子上。被激活的荧光素分子允许氧分子与它的一个碳原子结合，进而把一个电子激发到更高的能量轨道上。随后，荧光素把氧和碳以二氧化碳的形式释放出去。当电子落回到原本的常规轨道时，它先前所消耗的能量便被释放出来，化作微弱的光芒。这样一种利用 ATP 和氧气产生光和二氧化碳的过程，不正是光合作用的逆过程吗！

正常轨道上的电子

提升到更高能量轨道的电子

电子落回低能量轨道，以光的形式释放能量

萤火虫的光芒犹如一个城市的灯光，
是许许多多发光个体的总和。

软件（DNA）进入计算机，如上，指挥计算机从打印机上打印出硬件的各个组成部分，如右图。

第三章

信　息

知识的宝库

设想一下，有一台能够自我复制的计算机。它的软件，即指挥机械部件（硬件）运作的程序，包含了关于建造它自身的信息。在它按照程序的设计建造好自己的硬件后，它还要养护和维修自己，直到它感觉自己的盛年将尽。于是，它复制了自己一直珍藏的程序，接着被复制出来的程序又造出一台一模一样的计算机。就这样，它无限制地复制自己。

一个活细胞就是这样一个运转良好的自组织系统。话虽如此，这个系统却包含着悖论：硬件和软件相互依存。这样首尾缠结的事情是从哪儿开始的呢？恐怕你也看出来了，这和另一个经典问题简直是异曲同工：先有鸡还是先有蛋？

不过更多的疑团是集中在生命使用的"软件"的本质问题上。比如，橡树幼苗究竟把控制长成一棵大树的信息储存在哪儿？这些信息又如何与树的各个硬件相关联？在本章和下一章，我们将讨论软件和硬件以及生命的"创意"和"运转"的关系。我们将用到"信息"和"装置"这样的名词。

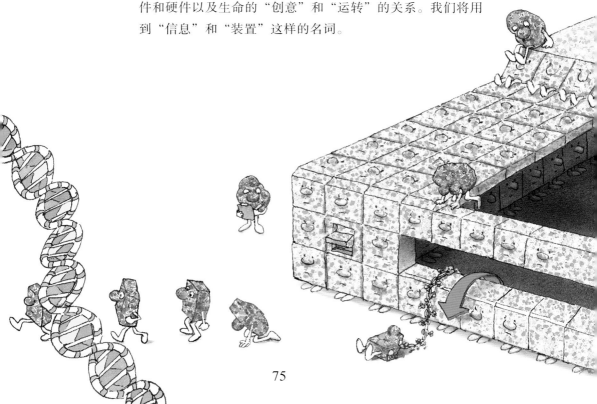

75

为什么生命只能源于生命

生命从无生命的物体中产生（比如说苍蝇从腐肉中产生）的可能性，并不比龙卷风刮过废物堆碰巧组装出波音747飞机的可能性大。

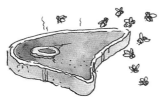

毋庸置疑，组装一只苍蝇比组装一架波音飞机的难度大多了。苍蝇们可是经过几十亿年不断"研发"的成果，是在试探与失败的过程中日积月累的信息造就的。和制造飞机一样，如果没有长篇的组装说明书也不可能制造出苍蝇。

不断的长链

　　历史上很长一段时间里，人们认为生命是被一股神秘的、超自然的力量主宰着。比如，早期的科学家看见虫子、蛆、苍蝇，甚至老鼠围着烂谷子、烂泥、烂肉蠕动时，就以为生命是从无生命的物质中自发形成的。后来实验结果虽然驳斥了这种观点，但人们还是过了很长时间，才真正领悟为什么"自生"论是不可能成立的。生命只能源于生命，其世代相传，如同永不断裂的长链（当然40亿年前，生命刚开始显现的时候是个例外）。现代科学在深入了解生命所储存的信息发挥的至关重要的作用后，必然得出这一结论。

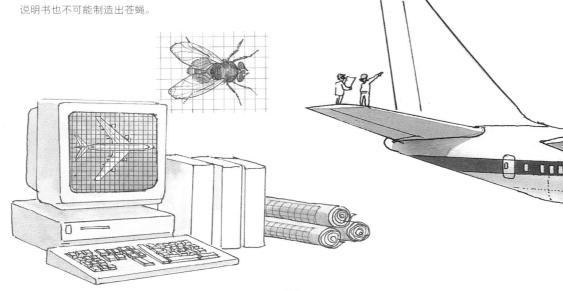

"自生论"的灭亡

1668年，在史上最早的设计严谨的一个生物实验中，弗朗切斯科·雷迪（Francesco Redi）往8个烧瓶里放进肉，其中4个烧瓶敞口放置，另外4个瓶口密封。一段时间后，敞口的烧瓶里长满了蛆，而封口的烧瓶里什么也没长。雷迪又把原先密封的瓶口改用纱布包住，结果仍然没有长蛆。于是，他正确推测：蛆是从苍蝇产在肉上的卵长成的。这个实验至少反驳了肉眼可见的生物都是从腐烂的物质上无中生有

的说法。

然而，还是有人认为诸如细菌、酵母菌之类的微生物是从腐烂的物质里产生的。这个激烈的争论一直持续到1864年，路易斯·巴斯德（Louis Pasteur）决定一劳永逸地终结分歧。他首先检测了空气和灰尘，发现里面都有生物；然后把空气和灰尘混入已经消过毒的物品中，并把它们封存在烧瓶里，结果显示瓶里有生物在迅速生长。当他把消过毒的物品放入一个S形烧瓶，再用棉

花球塞住瓶口后，就观察不到有生物生长；如果他把这烧瓶倾斜，令其内容物接触瓶口的棉花塞，导致内容物受到棉花塞里的微生物污染，那么48小时内，烧瓶里又开始出现生物生长了。毋庸置疑，当他干脆把瓶颈敲断，让空气长驱直入，那烧瓶里的生物又马上疯长。巴斯德说："自生论永远不会从这些简单的小实验带给它的致命打击中死灰复燃了。"确实如此。

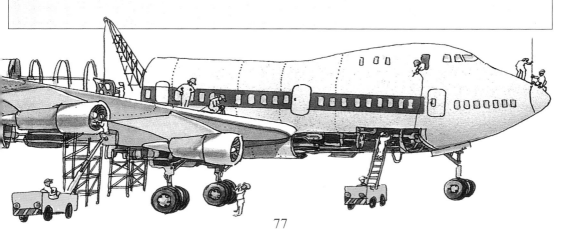

基因遗传发现简史

揭开遗传的秘密

科学家一旦确认了生命只能源于生命，就开始更深入地研究遗传现象。是啊，我们的子孙像我们，到底为什么呢？

下面这段简短的历史，回顾至 20 世纪 40 年代为止。

19 世纪 60 年代

"因子"控制遗传

奥地利修道士格里格·孟德尔（Gregor Mendel）发现，有一种被他称作"因子"的东西能通过某种途径控制豌豆的遗传性状。每个性状似乎都由一对这样的"因子"控制；而且一个性状可以有"显性"和"隐性"两种表达形式。例如，孟德尔把高株豌豆和矮株豌豆杂交，后代多数是高株的；那么"高"是显性，"矮"是隐性，但隐性性状并没消失——它可能在某个后代身上显现；两个高株的亲本也可能产生矮株的子代。

19 世纪 90 年代

染色体

许多科学家发现了细胞核内超微结构的染色体。他们注意到，成对存在的染色体在细胞分裂前进行了复制，在细胞分裂时分别平均进入两个子细胞。于是，人们怀疑染色体是遗传物质的载体。

1905 年

染色体确实决定遗传性状

埃德蒙·威尔逊（Edmund B. Wilson）和 N. M. 史蒂文斯（N. M. Stevens）发现了一种特殊的染色体，它在雌性细胞里有两条，而在雄性细胞里只有一条。他们称之为 X 染色体，它决定了子代的性别，并且可以解释后代的雌雄数量为什么相等：所有的卵子都含有一条 X 染色体，而精子只有一半含有 X 染色体（其余一半获得 Y 染色体）。这是人们第一次发现特定的染色体携带着特定的遗传性状（比如性别）。

1903 年

"因子"就在染色体上

威廉·萨顿（Wiuiam Sutton）将孟德尔的"因子"和染色体联系起来，他认为，控制遗传性状的成对的因子分别位于成对的染色体中。一对染色体的其中一条来自父本的精子，另一条来自母本的卵子。

1906 年

孟德尔说的"因子"其实是基因

科学家们特意造了"基因"这个术语来表示一段能够决定某种特定性状或表征的遗传信息片段。

基因连锁遗传

托马斯·亨特·摩尔根（Thomas Hunt Morgan）证实，许多基因是连锁遗传的，就是说它们在染色体上连成一串，这也是意料之中的事。（果蝇有四对染色体，因此有四组连在一起的基因。）因此染色体就是基因链。

1908 年

基因排列在染色体上

摩尔根观察到，尽管基因倾向于连锁遗传，但某些基因连锁遗传的频率要高于其他一些基因。因此摩尔根推测，两个基因在染色体上的相对距离越远，二者连锁遗传的可能性越小。（这是因为基因交换的物理本质是两条染色体之间进行物质交换，参见第 201 页。）摩尔根把果蝇的四条染色体上各个基因的相对位置绘成了"图谱"。

1909 年

遗传疾病可能是基因缺陷造成的

阿奇巴尔德·加罗德（Archibold Garrod）猜想，人类的一些遗传性疾病可能是由于某些蛋白质不能正常发挥它们的功能而产生的。

1927 年

新的性状是由基因突变引起的

科学家们注意到变异——基因的改变是导致新的遗传性状（还有遗传性疾病）出现的原因。后来人们又意识到，如果没有突变，就不会有进化（见第 202 页）。1886 年，雨果·德·福莱斯（Hugo de Vries）发现了基因突变；1927 年，赫尔曼·穆勒第一次用 X 射线诱发基因突变。

一种基因——一种蛋白质

乔治·比德尔（George Beadle）和爱德华·塔特姆（Edward Tatum）利用面包上的霉菌，证实了单个基因能控制产生单个蛋白质（见第 83 页）。

1942 年

1944 年

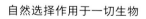

自然选择作用于一切生物

萨尔瓦多·鲁瑞亚（Salvador Luria）证明，细菌也和所有动物植物一样，受到基因与自然选择的作用。细菌因为繁殖速度极快，而成为分子遗传学的主要研究对象（见第 216 页）。

基因由 DNA 组成

奥斯沃尔德·阿伐利和他的助手们证明，脱氧核糖核酸，即基因是由 DNA 组成的。

生命的编码和解码系统

地图与地域

这里我们举出一些例子来说明，被编码的"创意"和被解码后的"实物"之间的关系。

创意	实物
地图	疆域
蓝图	建筑物
配方	蛋糕
菜谱	餐食
乐谱	交响乐
基因	蛋白质

我们可以把左栏里列举的事物看作是一些信息块，对应着右栏的实物。但是严格地说编码的信息也以物质的形态存在着（墨水、纸张、分子），所以左栏里的事物本身也是"实物"。

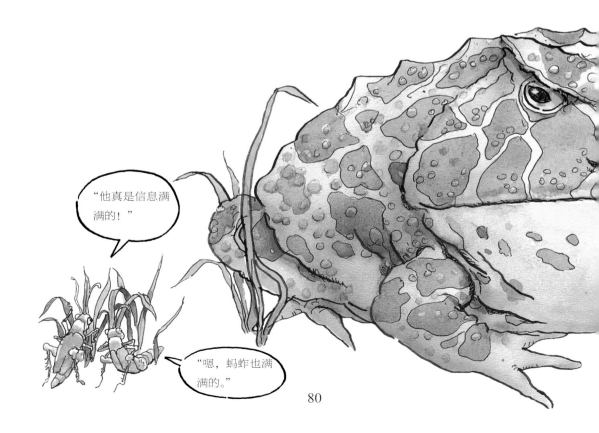

"他真是信息满满的！"

"嗯，蚂蚱也满满的。"

信息深埋在生物体内

生物与非生物的一个本质区别在于，生物会利用信息来自我创建和维护。一块石头没有怎么成为一块石头的指南，一只癞蛤蟆却拥有怎么做癞蛤蟆的全部说明。

信息没有空间维度。它仅仅是拿事物进行对比，寻找事物间的不同之处。信息只有通过诸如 0 和 1、点和连线、字母、音符之类的符号组成的序列被编译出来后，才变得具体实用。接着，符号序列又被机器或者人类解码成诸如计算机输出、莫尔斯码电报、书、交响乐等具体事物。为了便于储存和传送，这些信息必须以某种物质形式存在着，而"存在的过程"自然需要耗能。从这层意义上讲，"思想"和"物质"是密不可分的。

生命的信息——掌控着生命运作方式的"创意"被编码在基因里。基因解码的结果就是，体内的运作系统能制造出可以协同工作的各个部件并最终形成新生命。如同那台假想的能够自行复制的计算机，上述过程沿袭着这样的回路：信息需要运作系统来执行，运作系统又依靠信息来调度。起初，这种关系可能十分简单，过了许多世代则变得越来越复杂。与之类似的是，我们的高级思维活动也从简单的点点滴滴的直觉、念头、记忆发展而来。

石头是一些处于低能量状态分子的简单又稳定的排列组合。

一只癞蛤蟆的细胞是高能分子复杂的排列组合，受信息的动态指挥调度。

信息的表达依靠差异

"这什么也没告诉我！"

一条只是不停地重复相同的符号的信息链不包含有意义的信息。

"有意思"

但是由不同符号组成的长链却能够将信息编码。所有的生物遗传信息都由四个不同的"字母"来表达。

DNA——它到底都说了什么

不是图纸，是菜谱

如果没有发现生命活动是由叫作蛋白质的"智能"分子调控的这个事实，我们或许永远对生命的复杂性一无所知。蛋白质是由、且仅仅由 20 种氨基酸连接形成的不同长度的长链。每种蛋白质的独特功能就是由长链中氨基酸的排列顺序决定的。

我们对生命的运作机制具有深刻的理解：一、DNA 链携带着遗传信息；二、由氨基酸相连组成的蛋白质负责生命的生长、自我维护以及繁衍后代等任务。DNA 组成单位的排列顺序决定了蛋白质中氨基酸的排列顺序。因此，与其说 DNA 是一份描绘了最终作品或是与最终作品成比例的模型的图纸，倒不如说它是一份菜谱—— 一套有先后顺序，且要求遵守顺序的操作指南。

因此，生命的复杂性源自令人赞叹的简洁性。DNA 的指令是："用这个，加上这个，再加上这个……停！用这个，加上这个，再加上这个，等等。"虽然创意简单，但要达到目的还得依靠一套天才设计般的运作系统（见第五章）。

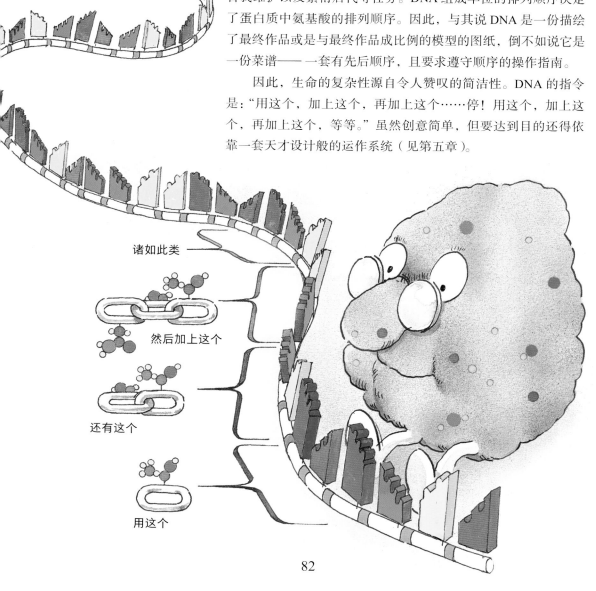

诸如此类

然后加上这个

还有这个

用这个

82

一个重大的发现：一个基因对应一种蛋白质——
比德尔和塔特姆与面包霉菌

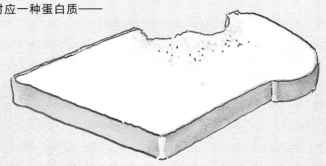

直到 20 世纪 40 年代早期，人们研究的遗传性状大都涉及比较复杂的功能，如豌豆植株的高度、果蝇翅膀的形状或眼睛的颜色，等等。这些性状很可能是由多个基因控制的。

乔治·比德尔意识到，他必须把研究范围缩小一些——寻找一个由单一基因控制的简单的遗传性状。受托马斯·摩尔根的启发，他开始研究果蝇，但是他很快找到一个更好的实验对象——普通的面包霉菌"链孢霉"。以下是他和他的同事爱德华·塔特姆所做的研究：普通的霉菌能把糖一步步地转换成全部 20 种氨基酸。比如，氨基酸 Z 是经过分子 A 转换成分子 B，然后从 B 到 C，最后从 C 到 Z 这样一个过程产生的。比德尔和塔特姆用 X 射线照射霉菌，使它们产生突变，结果它们及其后代都不能合成某些氨基酸。即，某个突变体不再合成 Z，除非比德尔和塔特姆给它提供分子 C，提供分子 A 或 B 的话则不起作用。于是，他们得出结论，突变霉菌失去了将 B 转化成 C 的能力；换句话说，X 射线破坏了把 B 转换成 C 的酶。另一种突变霉菌必须依赖分子 B 的添加才能合成 Z，比德尔和塔特姆认为，该霉菌失去了把分子 A 转换成 B 的能力，也就是 X 射线破坏了把 A 转变成 B 的酶。比德尔和塔特姆正确地猜到，遭受 X 射线损伤的每个突变体的特定基因正好对应一种特定的蛋白质。这一简单的想法——一个基因编码一种蛋白质[1]，为进一步理解基因的工作原理开启了一扇大门。

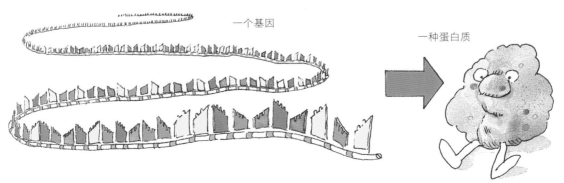

一个基因

一种蛋白质

83

核苷酸——写在主干上的文字

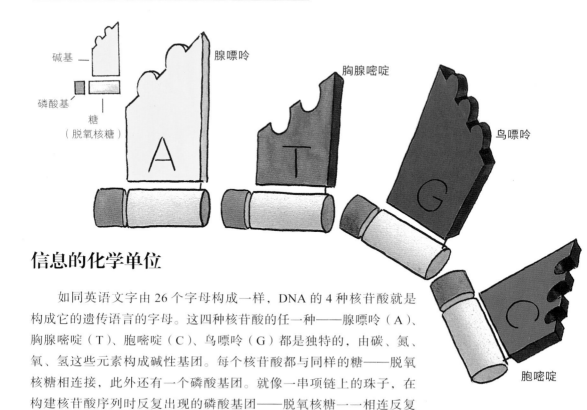

碱基

磷酸基

糖
（脱氧核糖）

腺嘌呤

胸腺嘧啶

鸟嘌呤

胞嘧啶

信息的化学单位

如同英语文字由 26 个字母构成一样，DNA 的 4 种核苷酸就是构成它的遗传语言的字母。这四种核苷酸的任一种——腺嘌呤（A）、胸腺嘧啶（T）、胞嘧啶（C）、鸟嘌呤（G）都是独特的，由碳、氮、氧、氢这些元素构成碱性基团。每个核苷酸都与同样的糖——脱氧核糖相连接，此外还有一个磷酸基团。就像一串项链上的珠子，在构建核苷酸序列时反复出现的磷酸基团——脱氧核糖——相连反复出现，构成 DNA 的主干，保持 DNA 序列的稳定。[2]

从核苷酸到基因组——包装产生的等级差别

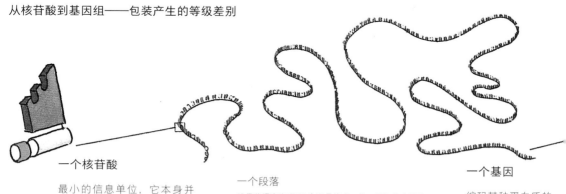

一个核苷酸

最小的信息单位，它本身并不表达信息

t 一个字母

一个段落

就像英语文字由 26 个字母构成一样，DNA 的 4 种核苷酸就是构成它的语言（遗传语言）的字母。这 4 种核苷酸中的任一种——腺嘌呤（A）、胸腺嘧啶（T）、胞嘧啶（C）、鸟嘌呤（G），都是独特的，由碳、氮、氧、氢这些元素构成的碱性基团。每个核苷酸都与同样的糖（脱氧核糖）连接着，此外还有一个磷酸基团，就像一串项链上的珠子，在构建核苷酸序列时反复出现的磷酸基团，即脱氧核糖相连反复出现，构成 DNA 的主干，保持着 DNA 序列的稳定性。

一个基因

编码某种蛋白质的一串核苷酸

一种能够改变细胞基因的化学物质

1928 年，伦敦的一位医官弗里德里克·格里菲斯（Frederik Griffith）有了一个重大发现。在那个时候，肺炎链球菌引起的大叶性肺炎在全世界范围内都是首要的致死原因。科学家们已知这种细菌的某些突变株是良性的，也就是说它们不会导致肺炎。格里菲斯发现当他把这种活的良性菌株和死的致病菌株混合在一起，然后把这混合物注入小鼠体内后，所有的小鼠都死于肺炎。小鼠的体内充斥着大量的增殖活跃的杀手肺炎链球菌！一定是杀手致病菌释放出的某种物质进入了良性菌株的细胞内，并使其遗传性状发生了改变；无害菌就这样被转变成了杀手菌。这种具有转换能力的物质是什么呢？格里菲斯没能够找到答案，因为他在 1941 年伦敦遭到轰炸的时候不幸去世了。

后来，人们通过多年繁重的化学分析工作，并且煞费苦心地发展出提纯以及检测细胞组成成分的新方法，终于在 1944 年纽约由洛克菲勒研究所的奥斯瓦尔德·埃弗里、科林·麦克劳德和麦克林·麦卡蒂宣布，这种有转化能力的物质是 DNA。他们的工作证就是遗传分子；基因是由 DNA 组成的。

失活的杀手肺炎链球菌　　活的良性肺炎链球菌菌株　　活的杀手菌株

一条染色体

长串的基因（大约 3 000 个）像线一样缠绕成一个单位。

一个基因组

一个生物体的所有染色体，通常位于它的每个细胞的胞核内

一本书

一套书

DNA——碱基对和弱键

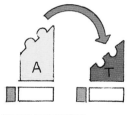

腺嘌呤和胸腺嘧啶

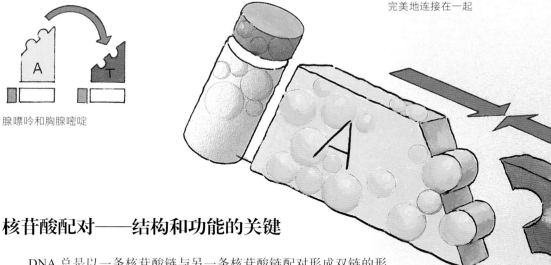

完美地连接在一起

核苷酸配对——结构和功能的关键

DNA 总是以一条核苷酸链与另一条核苷酸链配对形成双链的形式出现。图中可见 4 种核苷酸（A，T，C，G）的碱基部分可以成对两两组合。它们的形状和化学组成决定了 A 只能与 T 结合，C 只能与 G 结合。形成之后，所有的碱基对宽度（核糖与核糖的距离）完全一模一样。因此一条链上的核苷酸序列就与互补链上的核苷酸序列对接得天衣无缝，这两条链的距离也总是一样的。比如，如果一条链的核苷酸序列是 G—T—A—C—C，那么另一条链上核苷酸的序列就是 C—A—T—G—G。

逐步揭示 DNA 的结构

詹姆斯·沃森（James Watson）和弗朗西斯·克里克（Francis Crick）于 1951 年在英国剑桥开始合作，他们认为如果能够把 DNA 分子的形状展示在人们眼前，那么就可以弄清楚 DNA 是如何携带遗传信息的，又是如何进行复制的。他们对 DNA 的化学性质已经有了相当多的了解。早在 1869 年，瑞士的约翰·米切尔（John Miescher）就发现了 DNA 分子，后来许多化学家

们都确认了 DNA 含有 4 种核苷酸，并且知道了核苷酸之间是如何连接成长链的。1949 年，纽约哥伦比亚大学的埃尔文·查戈夫（Irwin Chargaff）更进一步发现，从各种不同的生物体中提取的 DNA 样本——来自动物的、植物的、酵母菌的或是细菌的——尽管 4 种核苷酸的含量不一，但是腺嘌呤的含量总是与胸腺嘧啶的含量相等，而鸟嘌

呤的含量总是与胞嘧啶的含量相等。但那时候人们真的是不知道为什么这些核苷酸会这样稳定地出现成对相等的现象，是什么样的结构才能导致这样的特性呢？

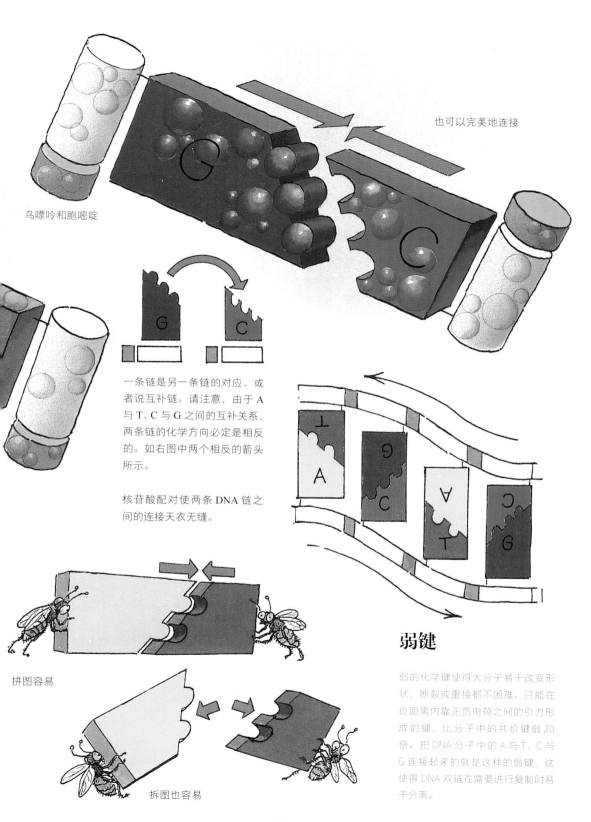

也可以完美地连接

鸟嘌呤和胞嘧啶

一条链是另一条链的对应、或者说互补链。请注意，由于 A 与 T、C 与 G 之间的互补关系，两条链的化学方向必定是相反的。如右图中两个相反的箭头所示。

核苷酸配对使两条 DNA 链之间的连接天衣无缝。

拼图容易

拆图也容易

弱键

弱的化学键使得大分子易于改变形状，断裂或重接都不困难。只能在近距离内靠正负电荷之间的引力形成的键，比分子中的共价键弱 20 倍。把 DNA 分子中的 A 与 T、C 与 G 连接起来的就是这样的弱键，这使得 DNA 双链在需要进行复制时易于分离。

DNA——双螺旋结构

扭曲的信息

DNA 看上去像是细长的楼梯，由于双链被扭转，它的两条侧边形成了螺旋状。它超级细窄，使得它很容易被压缩在一个很小的空间里。它的双链特征保证了它不至于自己把自己缠住，另一方面也保护了那些珍贵的、面朝双链内部的核苷酸序列不受损伤，毕竟这些序列才是 DNA 信息的语言；以后我们还会了解到，这种双链结构也是 DNA 进行复制的基础。

细菌的所有的 DNA 都位于一条双螺旋长链上。在我们的细胞里，DNA 分布于 46 条染色体上——46 条双螺旋链。这些链长得令人瞠目结舌：如果我们把 DNA 链中的连接处都看成是字母，细菌的 DNA 相当于 60 本普通篇幅的小说，而人类的 DNA 相当于 1 500 本！如果把我们的某个体细胞里的 DNA 完全展开，首尾

左图中的分子模型显示了组成 DNA 的各个原子。

88

相连，那大概有 1.83 米长。要把这么长的双链都压缩到细胞核这样微小的空间里，那这双链一定是很细很细的。我们身体里有大约 5 万亿个细胞，所有这些细胞里的 DNA 的总长度足够跨越日地距离 1.5 亿千米 30 次。

沃特森和克里克发现了 DNA 的结构

伦敦，1952 年，莫里斯·威尔金斯（Maurice Wilkins）和罗莎琳德·富兰克林（Rosalind Franklin）在使用一种叫作 X 射线衍射的方法研究 DNA 的形状。他们用 X 射线照射 DNA，然后在底片上记录下 X 射线被 DNA 分子散射后的行踪。他们的工作提示 DNA 似乎有两到三条链，而链中的碱基以某种方式层层叠放在一起。

在剑桥，沃森和克里克部分依据莫里斯·威尔金斯和罗莎琳德·富兰克林的实验结果，用剪纸板和金属薄片制成核苷酸模型。这种搭建模型的方法最终使他们获得了成功。当沃特森和克里克得知，核苷酸的分子结构决定了腺嘌呤只能和胸腺嘧啶、鸟嘌呤只能和胞嘧啶结合的消息后，他们茅塞顿开。这样一来查戈夫的发现就有了合理的解释。当沃森和克里克让成对成对的碱基们在由脱氧核糖－磷酸基团组成的 DNA 双螺旋主干内部"交配"时，一切都尽善尽美。

1953 年，沃森和克里克自豪地把他们的 DNA 结构模型公之于众。人们立刻接受了这一模型，不仅仅是因为它那内在的美感，更因为有了它，DNA 的自我复制机理便一目了然：一条链是以另一条链为模板复制出来的互补链；两条链一旦分开，核苷酸便可以沿着两条单链不断添加以产生新链（见下一页）。

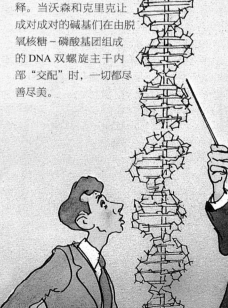

DNA——创造自己的未来

信息增倍

一个细胞在分裂成两个细胞之前，它的 DNA 必须增至原来的两倍，这样两个子代细胞才会各自继承一套完整的 DNA。这就意味着 DNA 的双链必须先分开，然后互补的核苷酸才能沿着两条单链逐一连接下去。

DNA 复制——基本概念

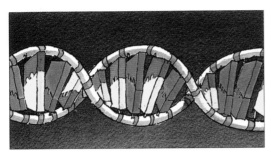

双链 DNA

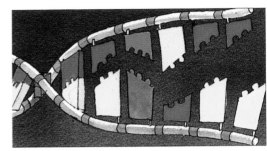

像拉开拉链一样被"解链"

游离态的核苷酸与它们对应的核苷酸配对

并沿着主干逐个连接

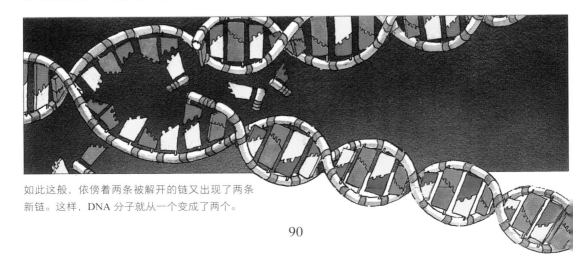

如此这般，依傍着两条被解开的链又出现了两条新链。这样，DNA 分子就从一个变成了两个。

酶是如何复制 DNA 的

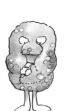
启动者
（启动蛋白）

解链者
（解旋酶）

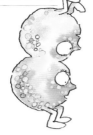
建造者
（聚合酶）

剪切者
（修补核酸酶）

解旋者
（拓扑酶）

展平者
（单链 DNA 结
合蛋白）

缝合者
（连接酶）

一个天才的剧组

左图中的过程实在是过于简化了。复制 DNA 并不比照着方子做蛋糕更技高一筹。DNA 只是被动地储存信息，上图中的团队成员才亲自参与拷贝，或者说复制过程，它们工作的准确性极高，每组装十万个核苷酸才可能会有一次出错！

DNA 复制——详细过程

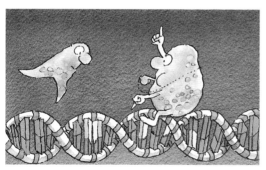

1. 启动者找到了复制的起始点之后把解链者引领到正确的位点。

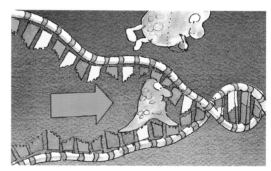

2. 解链者断开核苷酸之间的弱键，使 DNA 双链分离。

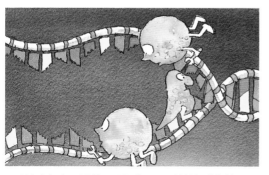

3. 建造者赶来，沿着已暴露的 DNA 单链组装新链。

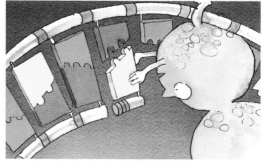

4. 它们把与原来的 DNA 链中的核苷酸相匹配的核苷酸依次连接。

酶是如何复制 DNA 的

DNA 复制——详细过程

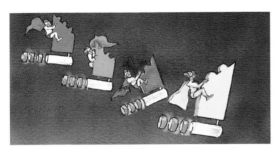

5. 游离态的核苷酸自带着能量。还记得 ATP 吗（见第 46 页）？这里还有 CTP、GTP 和 TTP 的参与。

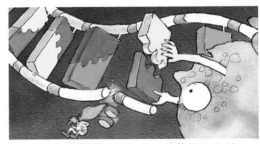

6. 一个个核苷酸被添加到逐渐延伸着的 DNA 链上，磷酸键内的能量被用来形成新键。

7. 上游的建造者紧跟解链者的脚步，可是下游的 DNA 链总是往相反的方向扭转。

8. 然而下游的建造者必须保持化学方向的一致性。于是它想了个办法把 DNA 链做成一个圈。

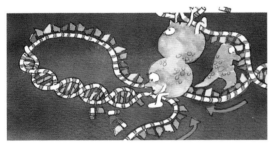

9. 从圈的下半部分开始工作。

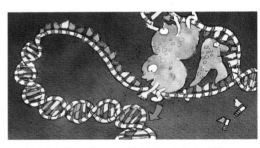

10. 等它合成好一段 DNA 链以后，松开完成端。

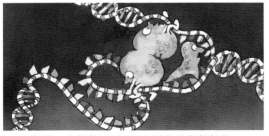

11. 又制造一个新的圆圈，又开始沿这段新链展开合成工作。

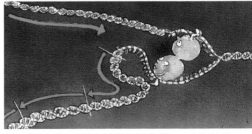

12. 所以上游的 DNA 链的复制合成是一个连续的过程，而下游的 DNA 链是分段合成的。

DNA 复制——详细过程

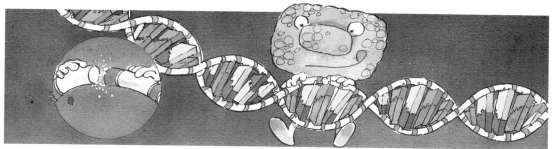

13. 它们被缝合者缝合在一起，这过程由 ATP 提供能量。

14. 展平者使得单链 DNA 不缠绕起来。

15. 解旋者在解链开始之前让 DNA 的螺旋消失。

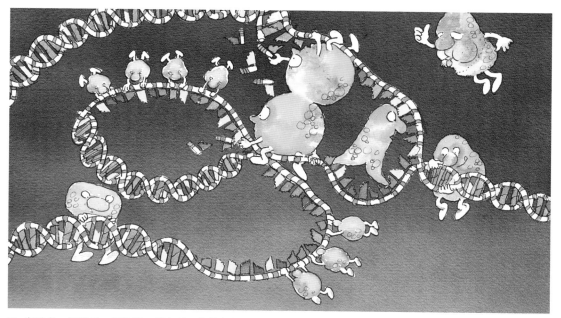

16. 启动者、解链者、建造者、缝合者、解旋者和展平者密切合作，以每秒 50 个核苷酸的速度进行着趋近完美的复制工作！

修补 DNA

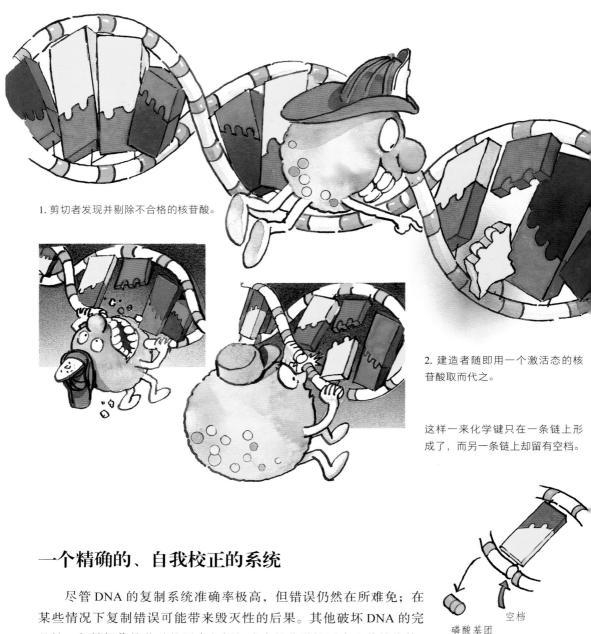

1. 剪切者发现并剔除不合格的核苷酸。

2. 建造者随即用一个激活态的核苷酸取而代之。

这样一来化学键只在一条链上形成了，而另一条链上却留有空档。

空档

磷酸基团

一个精确的、自我校正的系统

　　尽管 DNA 的复制系统准确率极高，但错误仍然在所难免；在某些情况下复制错误可能带来毁灭性的后果。其他破坏 DNA 的完整性、频繁损伤核苷酸的因素包括细胞内的化学性因素和紫外线等。细胞征集了大批的修复酶来解决这个问题。3 种酶频繁巡视 DNA，纠正它们发现的错误。首先剪切者找到错配的或是受损伤的核苷酸，把它们剪切下来。第二步，建造者紧跟其后，参照模板链把空缺的核苷酸补齐。最后缝合者恢复这条被修补过的 DNA 主干的连续性。

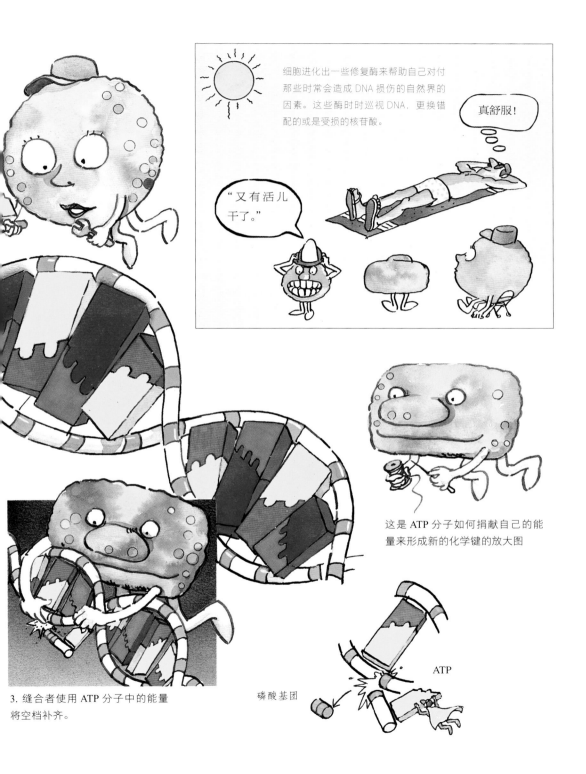

细胞进化出一些修复酶来帮助自己对付
那些时常会造成 DNA 损伤的自然界的
因素。这些酶时时巡视 DNA，更换错
配的或是受损的核苷酸。

真舒服！

"又有活儿
干了。"

这是 ATP 分子如何捐献自己的能
量来形成新的化学键的放大图

3. 缝合者使用 ATP 分子中的能量
将空档补齐。

ATP

磷酸基团

从ＤＮＡ到ＲＮＡ——复制基因，转呈信使

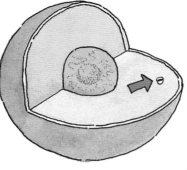

在动物和植物的体积较大的细胞里，珍贵的DNA被安全地保存在细胞核里。

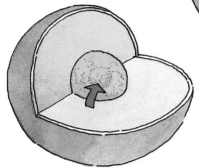

细胞与其挪动DNA，不如制作一份相关基因的用毕即弃的复制品（信使RNA），然后把它派遣到蛋白质的组装地点。

但是要生成蛋白质，DNA上的信息必须到达胞浆里的生产工厂。

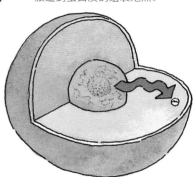

转录：日常工作的前奏

诚然，DNA复制是单个细胞一分为二之前的重大事件，但除此之外DNA还频繁参与细胞的其他日常活动。和我们前面那台假想的能够自我组装的计算机一样，DNA的软件要给硬件提供指令。这些指令以基因信使，也就是依照DNA模板复制的信息片段的形式，从细胞核里的DNA中央储存库传达到细胞质里的蛋白质组装工厂（见第四章）。从某种意义上来说，信使是一种"一次性使用"版的DNA，短期使用效果不错，但是不耐储存。设想你去银行保险库，取出一套写在上等羊皮纸上的十分珍贵的指令，小心翼翼地把你要的那部分复印在一张普通的纸上，然后把羊皮纸放回保险库，带着复印件下车间干活儿。

这个过程叫作转录，它仅仅代表了制造蛋白质这个大项目的第一阶段。你也许已经从右图中看出来了转录过程中的许多机制与DNA复制雷同：DNA的双螺旋结构被解旋，新的核苷酸链沿着业已存在的，作为导链或者说是模板的DNA单链延伸。不过这两个过程终究是不同的。一次转录只涉及一个或几个，而非几千个基因的复制。而且新生成的，"一次性使用"的核苷酸是RNA（核糖核酸），DNA的近亲。

组装信使 [3]——基本概念

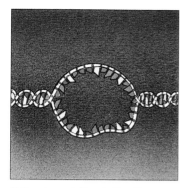

首先，DNA 上的一小段开放。

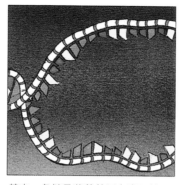

其中一条链承载着基因上真正的遗传信息。

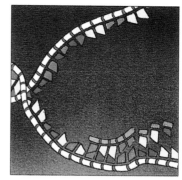

另一条链充当制作信使的模板。

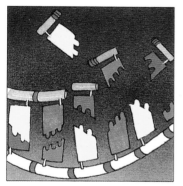

信使是由核苷酸组成的，组装过程与 DNA 类似。

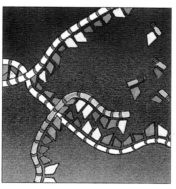

信使一边合成，一边从 DNA 链上脱离。

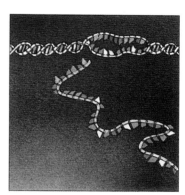

当整个基因复制完成后，DNA链释放信使。

组装信使只需要一种多功能的酶

它找到 DNA 链上的起始点，

复制基因，

然后把双链闭合。

鸡和蛋的难题

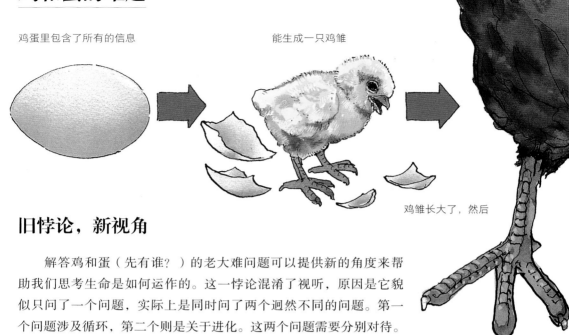

鸡蛋里包含了所有的信息　　　　能生成一只鸡雏

鸡雏长大了，然后

旧悖论，新视角

　　解答鸡和蛋（先有谁？）的老大难问题可以提供新的角度来帮助我们思考生命是如何运作的。这一悖论混淆了视听，原因是它貌似只问了一个问题，实际上是同时问了两个迥然不同的问题。第一个问题涉及循环，第二个则是关于进化。这两个问题需要分别对待。

　　我们先从一个显而易见的事实开始：一个真正的环路是没有开端也没有结尾的。鸡生蛋，蛋孵鸡，无止境地循环往复。因此对于"先有谁？"的问题，答案一定是"谁也不比谁先有"。但是如果要深入思考这个问题并理解其中的道理，不妨把鸡看成是装置，而鸡蛋是信息。装置制造出了用来指导自己的信息，等等。这样的理解其实还是过于简单化了。虽然鸡蛋确实包含了生成一只鸡的全部的密码信息，但是没有解码装置，比如用于"提取"信息的蛋白质，光有信息本身是毫无意义的。

母鸡只是一个鸡蛋用来生成另一个鸡蛋的工具而已。
　　　　　　——塞缪尔·巴特勒

就可以制造出一个新的个体里的全部蛋白质。

这段 DNA 里包含了所有必需的信息，再加上一点点鸡的装置。

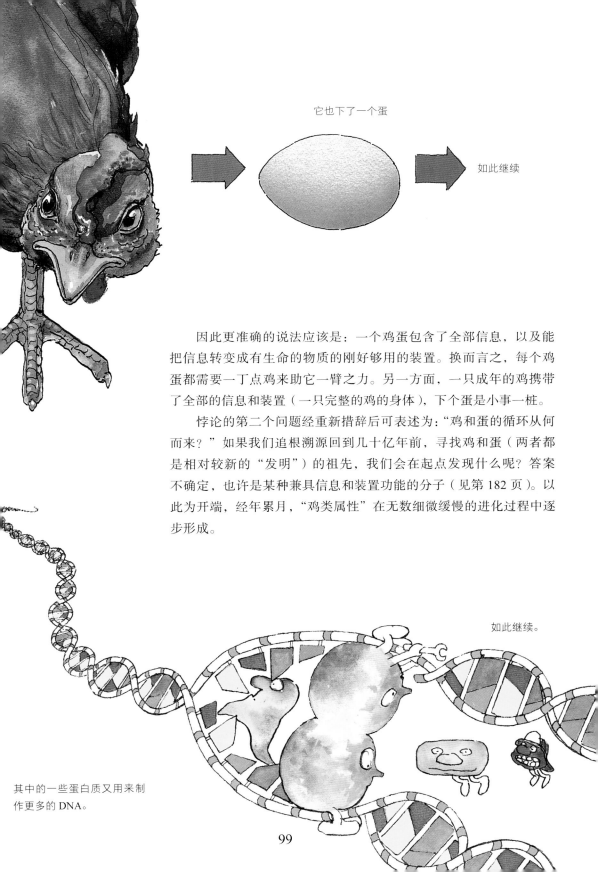

它也下了一个蛋

如此继续

因此更准确的说法应该是：一个鸡蛋包含了全部信息，以及能把信息转变成有生命的物质的刚好够用的装置。换而言之，每个鸡蛋都需要一丁点鸡来助它一臂之力。另一方面，一只成年的鸡携带了全部的信息和装置（一只完整的鸡的身体），下个蛋是小事一桩。

悖论的第二个问题经重新措辞后可表述为："鸡和蛋的循环从何而来？"如果我们追根溯源回到几十亿年前，寻找鸡和蛋（两者都是相对较新的"发明"）的祖先，我们会在起点发现什么呢？答案不确定，也许是某种兼具信息和装置功能的分子（见第 182 页）。以此为开端，经年累月，"鸡类属性"在无数细微缓慢的进化过程中逐步形成。

如此继续。

其中的一些蛋白质又用来制作更多的 DNA。

99

包装 DNA

乘着风的翅膀

为确保自己的遗传信息代代相传，DNA 发掘出了各种各样的途径来包装自己：花粉、坚果、种子、孢子、精子、卵子，等等。这些 DNA 载体通常都携带一些营养物质作为新生命刚开始时期的供给。它们同时也包含了足够的基本运行体系，让 DNA 能有朝一日东山再起——通过子代的蛋白质分子来重现自己的形象。

上述 DNA 载体中的绝大多数都在找到适合自己发展的落脚点之前就不知所终了。它们所含的物质被分解成简单小分子，遗传信息也就此丢失。为避免所有的载体都遭此厄运，生命只能挥霍能量和物质，产生上百万个载体，只盼其中寥寥数个能够成功地将遗传信息传递下去。可是有的时候，即便是这样庞大的数字也不能确保完成任务。经过亿万年的试探与失败的实践，有些生物体的 DNA 独辟蹊径让其他种类的生物体帮助它们把遗传信息传递到下一代。例如，某种植物的 DNA 能给它的花发出产生花蜜吸引蜜蜂和小鸟的指令，蜜蜂和小鸟在摄取营养成分的过程中不但保障了自身 DNA 的生存，而且它们还沾上了含有植物 DNA 的花粉并把它四处传播。如此这般，我们可以认为，一种生物的 DNA 具有了利用其他生物 DNA 来援助它完成传宗接代这件头等大事的能力。

人类的卵子的大小。DNA 位于核内，如果全部展开将有 1.83 米。

第四章

装　置

构建智能型部件

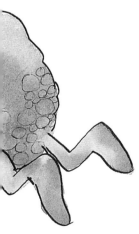

当人类制造一台收音机、一辆汽车或一台电脑的时候，我们是在把很多没有生命的零件组装起来，依靠的是几百年间积累下来的知识和诀窍。而当细胞建造我们这样的生物体的时候，它们是在使用积累了 40 亿年的信息。同时，它们把各种知识和诀窍直接赋予了各个部件。可以说，这些部件是"智能化"的。包含在 DNA 中的指令被转化成为数千种装置；这些装置非常聪明，它们能以惊人的保真度、精确度和合作技巧来做好各自的工作。我们所做的一切——思考、大笑、哭泣、奔跑、舞蹈，甚至怀孕和生孩子——都来自极大量蛋白质分子那充满活力而又高度协调的活动。

我们称这些蛋白质为"装置"，因为它们能行动，所以就能工作。它们行动的能力被用于完成各种巧妙的任务（见下页）。我们说这些蛋白质很"聪明"，尽管每个蛋白都只"掌握"一个绝招（或偶尔两个）。通过其内部结构的微妙变化，蛋白质可以改变它的形状，然后再变回来。如果你看着一个人一整天都这么干，你很可能会对他的智商不以为然。然而，如果你看到几种蛋白质，每个都在执行自己的任务，却又作为一个团队精诚合作，你想必就会明白它们累积的"智力"确实非同小可。

DNA 链绵长不绝，由单调的核苷酸组成，为什么这样看似平淡无奇的序列能够转化为大约 20 000 种不同类型的蛋白质分子？要知道，我们的身体每天的正常运转都依赖于这些蛋白分子。其原因是细胞自有一套出色的蛋白质制造装置。

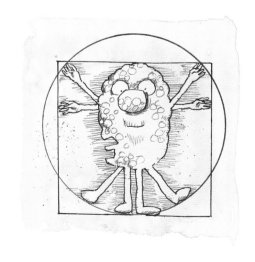

关于蛋白质

蛋白质能做什么

　　生命的多样性很大程度上来源于蛋白质分子的种类和安排方式的不同。事实上，超过你的细胞干重的一半是蛋白质。这些蛋白质维持生命的正常运转，并且使细胞具备各自的外形和各种独特的能力。我们在前面几章已经提到了一些蛋白质的能力。这里会讲更多关于它们的重要功能。

酶

酶是催化剂——它们能加快分子组装和分解的速度。它们的表面具有特定的形状，使它们能够"识别"特定的分子，就像每把锁只能被特定的钥匙打开一样。酶本身不会因为由它们催化的反应而变化，因此它们可以被多次使用。

运输者

特殊的运输蛋白镶嵌在细胞膜中，充当隧道和泵，使各种材料能够进出细胞。

行动者

因为蛋白质链的形状主要是由比较弱，而且容易断裂和重塑的化学键决定的，所以这些链可以缩短、延长，并由于能量的出入而改变形状。能量分子 ATP 可以激活一个蛋白质分子中的一个组成部分，使同一分子的另一部分滑动或采取某一"步骤"。随后，ATP 的离开会使蛋白质返回其原来的形状，同时完成此过程中的另一个步骤。而这个循环可以不断重复。

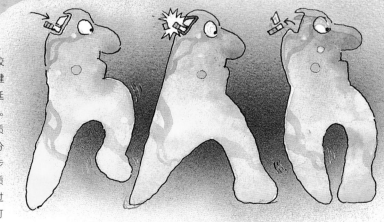

支撑者

折叠或卷曲蛋白长链能形成板状和管状的质材，它们在细胞中的作用，大概等同于支柱、横梁、胶合板、水泥和铁钉。

调控者

酶把一种化学物质转换成另一种物质的过程必须经历几个步骤来完成。当一个反应周期中的第一种酶"觉察"到最终产品已经积聚得足够多时，这种酶就会关闭组装线。这种对反馈回来的信息的反应能力是直接构建在调控蛋白的结构中的（见第五章）。

护卫者

抗体是具有特殊形状的蛋白质，它们能够识别和结合外来物质，例如细菌或病毒。这样，抗体就可以把外来物质包围起来，以便清道夫细胞能够破坏这些物质并将其排出体外。

通信者

要想齐心协力，细胞之间必须能够互相传递消息。蛋白质可以作为细胞的化学信使。激素就是一个很好的例子。通信蛋白位于受体细胞的表面，它们可以收集传来的信号。

消灭你！

举重

积沙成塔

从 70000 多种人体细胞制造的蛋白质中，我们选择了两种——肌动蛋白和肌球蛋白，来展现看似微不足道的分子事件会产生多么大的影响。肌动蛋白和肌球蛋白使肌肉能正常工作。在肌肉细胞内，肌动蛋白和肌球蛋白基因被翻译成数以百万计的这些蛋白分子。它们排列起来，组成一个能利用 ATP 供给的能量而伸缩的生化棘轮设备。很多很多这样微小的分子装置组合起来，一致行动，才使得鼓凸的肱二头肌完成动作。成百万计的肌动蛋白－肌球蛋白组合首尾相接，连成串就能形成长纤维，而很多这样的纤维结成束状就会形成致密、平行而又富有弹性的缆索——肌肉细胞。肌动蛋白－肌球蛋白组合的每个微观收缩被放大成细胞的收缩。而很多细胞一起收缩就产生整体的大收缩，这就形成了肌肉的宏观动作。

1. 肌动蛋白分子长而细；肌球蛋白分子比较厚，并且有很多"手臂"和"手掌"从它们的侧面伸出。这些手掌会接触肌动蛋白分子。

肌球蛋白

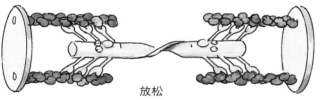

放松

2. 每个收缩单位包括两列相同的肌动蛋白，它们附着到两个圆盘上并彼此面对，由肌球蛋白连接起来。ATP 结合到肌球蛋白的"手掌"中；在这个过程中，磷酸脱落，释放能量。这将导致"手掌"抓住肌动蛋白。

收缩

3. 随后，已损耗的 ATP 从肌球蛋白分离，使"手臂"完成划桨一样的动作，拉着肌动蛋白以及和它们相连的圆盘相对靠近。这就导致了收缩。

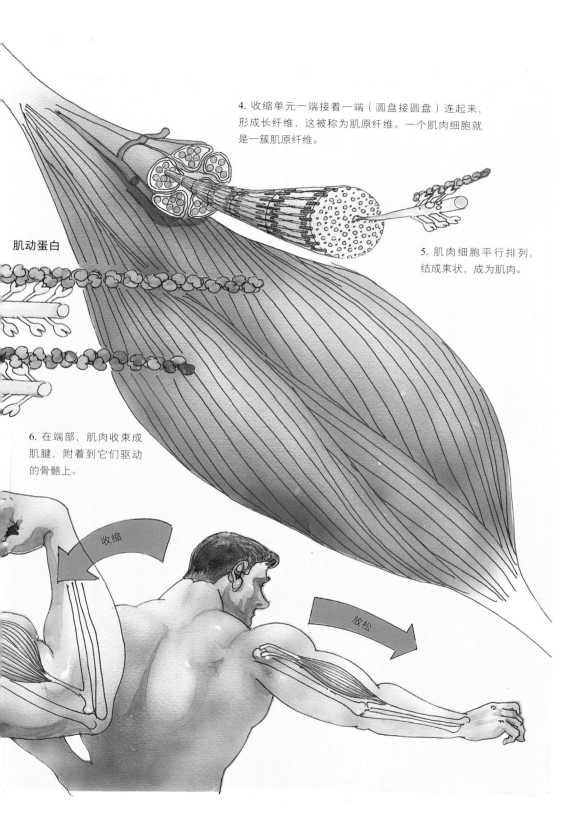

4. 收缩单元一端接着一端（圆盘接圆盘）连起来，形成长纤维，这被称为肌原纤维。一个肌肉细胞就是一簇肌原纤维。

肌动蛋白

5. 肌肉细胞平行排列，结成束状，成为肌肉。

6. 在端部，肌肉收束成肌腱，附着到它们驱动的骨骼上。

收缩

放松

107

蛋白质是由 20 种氨基酸组成的链

序列产生差别

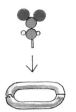

每个氨基酸都有一个不同的侧基，这些侧基具有独特的化学性质。

并且连接在对所有氨基酸都相同的主干上。

当氨基酸的主干连接起来构成长链，蛋白质就形成了。

蛋白质的形状和大小五花八门，几乎令人瞠目结舌，但是其背后的原理却出人意料的简单。当折叠的蛋白分子被展开拉直，就很容易看出它们其实是氨基酸组成的链。而组成链的氨基酸序列，就是蛋白质的自然形状和功能的唯一决定因素。

自然界有且只有 20 种氨基酸。动物、植物和细菌，在它们的蛋白质链中，有的使用所有这些氨基酸，有的只用其中一部分。所有氨基酸都含有碳、氢、氧和氮原子，并且其中的两种还含有硫原子。有 10 种氨基酸含有亲和于水的带电侧基。这些亲水氨基酸往往在折叠起来的蛋白质分子表面聚集为簇状，这样更易于它们与周围小环境中的水接触。另外 10 种氨基酸不带电荷，因此它们往往在折叠起来的分子内部聚集，这样就可以保持"干燥"。在蛋白分子链上，各个氨基酸的主干（在图中显示为链环）通过强共价键相互连接。一旦蛋白链组装完成，其氨基酸往往又通过弱键彼此相连。这些弱键既容易断开，也容易重组，它们给蛋白质分子带来了非凡的改变形状的能力。这种能力往往既是蛋白质功能的关键因素，也赋予了蛋白质很大的灵活性和机动性。

不同的蛋白质具有不同的氨基酸序列。

蛋白质折叠

蛋白质主要存在于两种环境中——水或脂。这就解释了蛋白质折叠的方式。处于多水的环境中的氨基酸，会把亲脂的氨基酸折叠到蛋白内部，让亲水的氨基酸位于表面以接触周围的水。而有些蛋白质处于由脂构成的膜中，它们则会反其道而行之。除非能正确地折叠起来，否则蛋白质是无法完成自己的工作的。

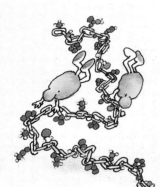

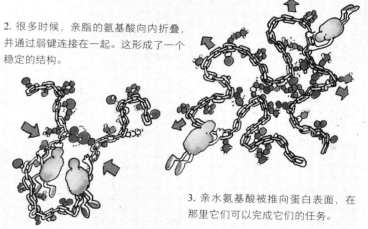

2. 很多时候，亲脂的氨基酸向内折叠，并通过弱键连接在一起。这形成了一个稳定的结构。

1. 当蛋白质链被组装好时，它就开始折叠，而且往往受到小的"伴侣"蛋白的帮助。

3. 亲水氨基酸被推向蛋白表面，在那里它们可以完成它们的任务。

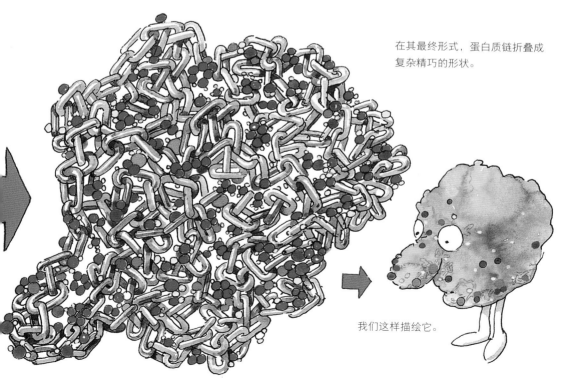

在其最终形式，蛋白质链折叠成复杂精巧的形状。

我们这样描绘它。

序列是如何变成一盒盒甜甜圈的

衣夹和甜甜圈

　　DoNutArama 是一间非常有名的甜甜圈店，有 20 种甜甜圈在那里制作出售。

那里的甜甜圈极为美味，人们经常一买就是好几盒。几乎每一位客户都很讲究，他们总是对买什么样的甜甜圈，甚至每种甜甜圈在盒子里的顺序都有明确的要求。

"一个椰丝的，六个巧克力的，三个糖霜的，一个果冻的……"

店员

解码员

果冻的

　　起初，在待客柜台工作的店员试图把顾客的点单喊给厨房工作人员听，但他们总是传达错误，发现此路不通。手写单也不行，因为厨房员工往往无法读取店员的笔迹。这时，有人想起放在地下室的一大堆彩色衣夹。也许店员可以用某种方式使用衣夹把甜甜圈订单传到厨房。

　　但是，衣夹只有四种颜色，而甜甜圈却有 20 个品种。

　　怎么办？如何才能用 4 个单位有效代表 20 个单元？于是店员制定出了一套代码。

　　他首先尝试使用两种颜色的衣夹组合：即红＋蓝＝果冻；黄＋红＝巧克力，等等。但他很快意识到没有足够的两种不同颜色的衣夹组合来代表全部 20 种甜甜圈。但 3 个衣夹的代码可以产生 64（4×4×4）种可能的组合，超过所需的 20 种不同的甜甜圈。于是，他和他的员工制定并记住了三色码：红＋蓝＋黄＝果冻；黄＋红＋绿＝巧克力，等等。当店员拿到了订单，他只要把正确颜色的衣夹按顺序夹到绳子上就行了。在厨房里，解码员读取这些代码，然后把正确的甜甜圈挂在衣夹旁边的挂钩上。包装员把甜甜圈从挂钩上取下来，并把它们按照正确的顺序放在盒子里。这样，柜台订单被转化成衣夹的序列，而序列又被解码成为一盒盒的甜甜圈。这整个过程都恰到好处，完美无缺。

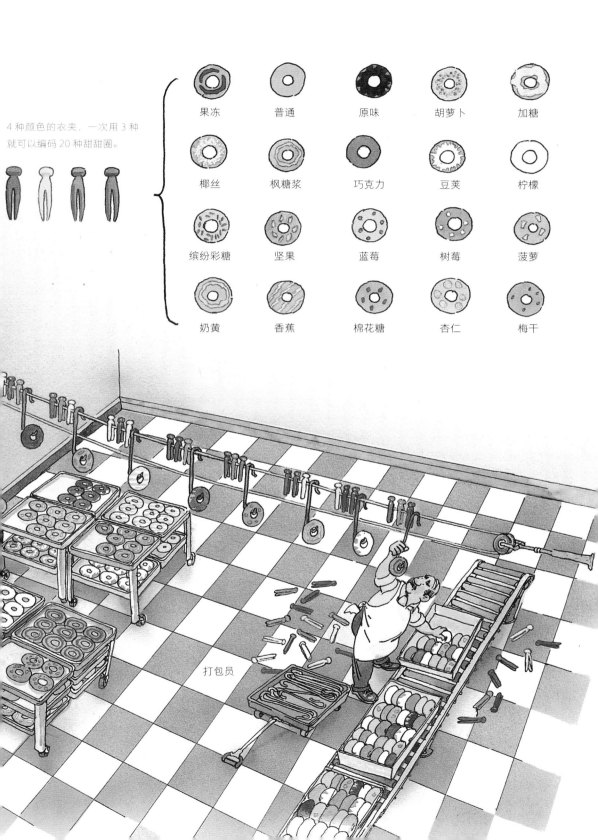

4 种颜色的衣夹，一次用 3 种
就可以编码 20 种甜甜圈。

果冻	普通	原味	胡萝卜	加糖
椰丝	枫糖浆	巧克力	豆荚	柠檬
缤纷彩糖	坚果	蓝莓	树莓	菠萝
奶黄	香蕉	棉花糖	杏仁	梅干

打包员

如何把 DNA 中的信息转变成拥有功能的蛋白质

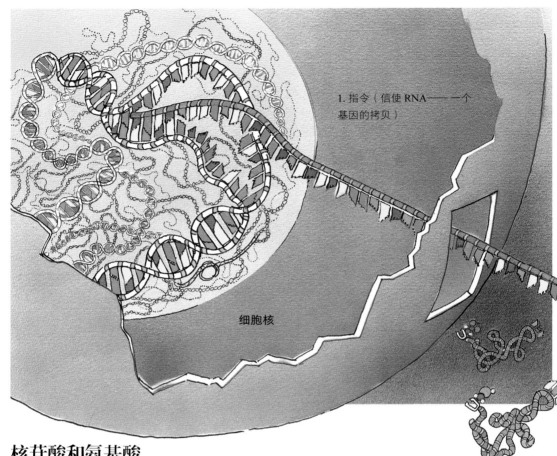

1. 指令（信使 RNA——一个基因的拷贝）

细胞核

核苷酸和氨基酸

DNA 分子是由很多很多个核苷酸（衣夹）组成的。它包含了很多基因，而每个基因大约平均有 1 200 个核苷酸长。在每个基因中，大约 400 组、3 个一组的核苷酸被排列起来。每组的三联核苷酸会被翻译成 20 种氨基酸（甜甜圈）中的一个。这样，整个基因将会被翻译成约 400 个氨基酸长的蛋白质分子（打包好的甜甜圈）。

那么如何才能制造出一个蛋白质呢？首先要把一个基因中的核苷酸序列复制导入单链的信使 RNA（mRNA；见第 3 章，第 96 页）中。其次，把氨基酸连到被称为转运 RNA（tRNA）或适配器的小分子 RNA 上。这些适配器工作起来就像挂甜甜圈的解码员一样，它们每个可以识别一个特定的三字母代码。[1] 第三，把适配器及与之相连的氨基酸和信使 RNA 一起送到蛋白质合成工厂去；这个工厂被称为核糖体（打包员），它把送来的氨基酸连接起来，制成蛋白质。

2. 适配器
（已与氨基酸连接的转运 RNA 分子）
转运 RNA 是信息和最终产品的蛋白质之间的关键"解码"单位。每个转运 RNA 在一端有一组三字母代码，在另一端则连着一个特定的氨基酸。

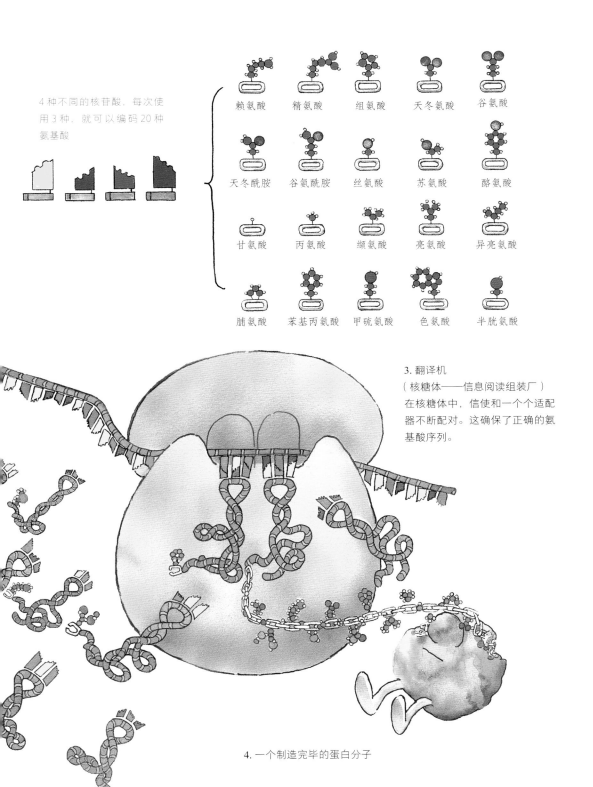

4 种不同的核苷酸，每次使用 3 种，就可以编码 20 种氨基酸

赖氨酸　　精氨酸　　组氨酸　　天冬氨酸　　谷氨酸

天冬酰胺　谷氨酰胺　丝氨酸　　苏氨酸　　酪氨酸

甘氨酸　　丙氨酸　　缬氨酸　　亮氨酸　　异亮氨酸

脯氨酸　　苯基丙氨酸　甲硫氨酸　色氨酸　　半胱氨酸

3. 翻译机
（核糖体——信息阅读组装厂）
在核糖体中，信使和一个个适配器不断配对。这确保了正确的氨基酸序列。

4. 一个制造完毕的蛋白分子

113

从 DNA 到蛋白质 —— 一个多步骤的过程[2]

以下是在这一部分的故事中四个关键的角色: ATP 分子、氨基酸、适配器、活化酶。

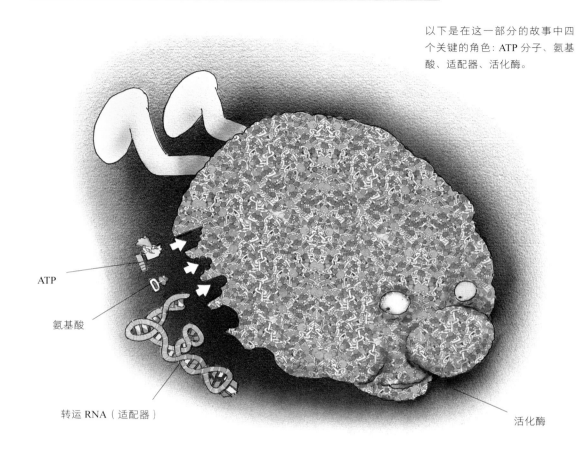

ATP

氨基酸

转运 RNA(适配器)

活化酶

基本原理

一个激活了的氨基酸被连在一个适配器上。

装载适配器

在前面几页中,我们显示了由基因来决定蛋白质中氨基酸序列的"翻译"过程。现在,让我们对几个关键步骤进行更细致的观察。在每个氨基酸和每个信使 RNA 之间必须建立某种化学连接。而转运 RNA,即适配器,则提供了这种连接。适配器的一端承载着一个 3 核苷酸的代码,这代码与信使 RNA 中与其互补的 3 个核苷酸匹配。有一种很聪明的酶,被称为氨基酸活化酶,它能激活各个氨基酸,然后把唯一正确的那一个连接到适配器的另一端。因为有 20 种氨基酸,所以必须有至少 20 种不同的激活酶和 20 个不同的适配器。在右边的图表中,我们显示了制造蛋白质过程中的前几个步骤:激活氨基酸并把它们连接到各自的适配器上。

细节

ATP 漂浮到酶附近，嵌入一个为它量身定做的位点。

同时，一个氨基酸漂入一个旁边的位点。

这两者被拉近，直到

它们连在一起，

并从 ATP 中排出两个磷酸基团。

氨基酸现在被激活了。（注意链环现在是开放状态。）

接着，长相奇特的 tRNA 适配器出现在视野中，

并且停靠在酶上附近的位点中。

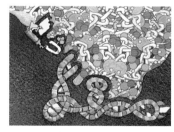

适配器的端部被拉向激活了的氨基酸，直到

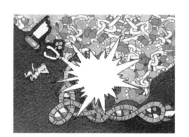

两者结合起来。

能量流入新的化学键；已经"消耗"了的能量分子被释放。

然后适配器被释放，这时氨基酸已经连好了！

翻译

装配蛋白质链 [3]

一个激活的氨基酸已被连接到适配器的一端，而适配器的另一端则承载着带有专门代表这种氨基酸的三核苷酸联码。现在，这个氨基酸需要与一个链上的其他氨基酸连到一起，并且以特定的顺序来构建特定的蛋白质。下一阶段需要专门的装置才能完成；这些装置可以使用适配器来"阅读"信使 RNA 上的核苷酸三联码，并且能组装准确的氨基酸链。这就是核糖体的工作。核糖体由一个较大部分和一个较小的部分组成；每个部分都包含大约等量的 RNA 和蛋白质；它的形状看起来有点像一部老式电话机。核糖体每次能够"读取"信使 RNA 所携的消息链中的三个单元，并且一边连接氨基酸一边继续这个进程。当它读到最后的标志着"停止"的三个核苷酸，核糖体就会释放装配完成的蛋白链（就像打包员合上了甜甜圈盒子）。

"劳驾！你的脚踩到我脸上了！"

"哎哟！"

三个重要因素

1. 一个在细胞核中制成的信使 RNA（见第三章，第 96 页）。

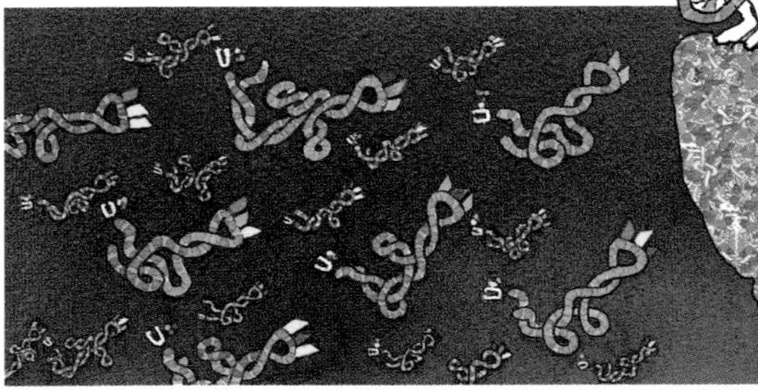

2. 20 种不同的 tRNA 适配器，可以和 20 种不同的氨基酸匹配连接。

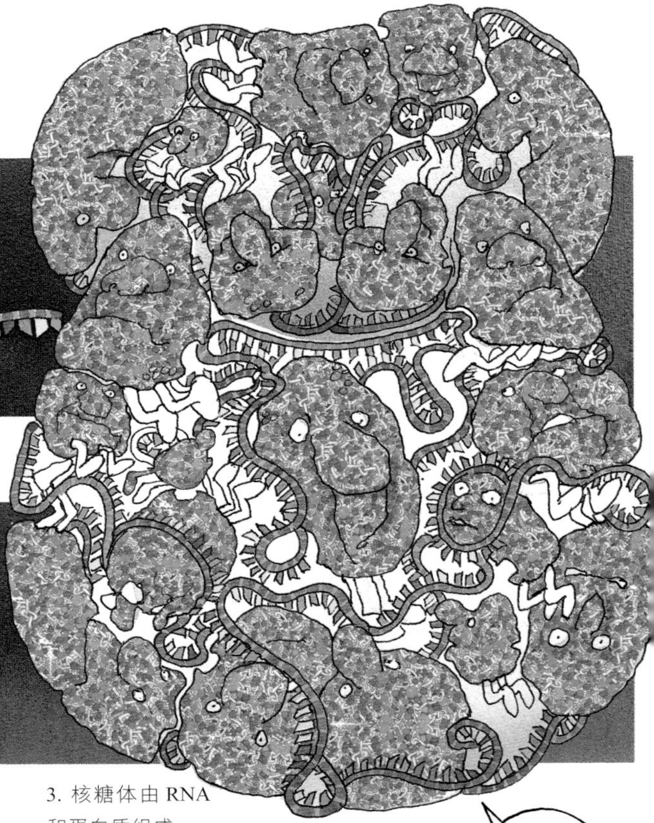

3. 核糖体由 RNA 和蛋白质组成。

"按字母顺序！"

组装蛋白链

信使 RNA 附着于核糖体较小
的亚基上。

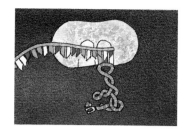

第一个适配器与信使 RNA 的
前 3 个核苷酸相匹配。

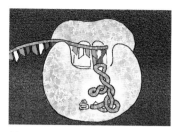

较大亚基与较小的亚基结合。

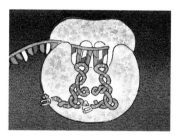

第二个适配器进入第二位点。

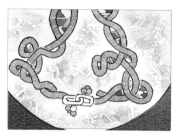

前两个氨基酸的主链连接
起来。

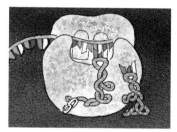

信使 RNA 向右移动，并且第
一适配器脱离。

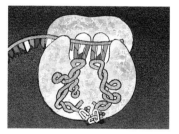

下一个适配器到达第二位点，
添加下一个链环。

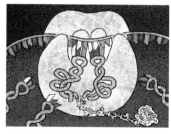

一个接一个，核苷酸三联码被
"读取"，蛋白质链不断变长。

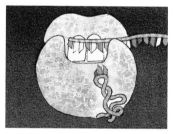

最后的核苷酸三联码信号是"停"，
表示没有适配器与它匹配。

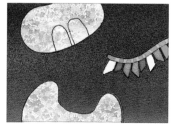

核糖体的亚基分离，使信使
RNA 脱落。

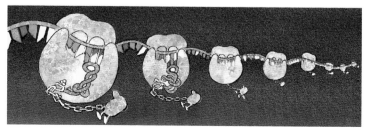

为了提高效率，信使 RNA 会同时被多个核糖体读取。

从 DNA 到 RNA 到蛋白质

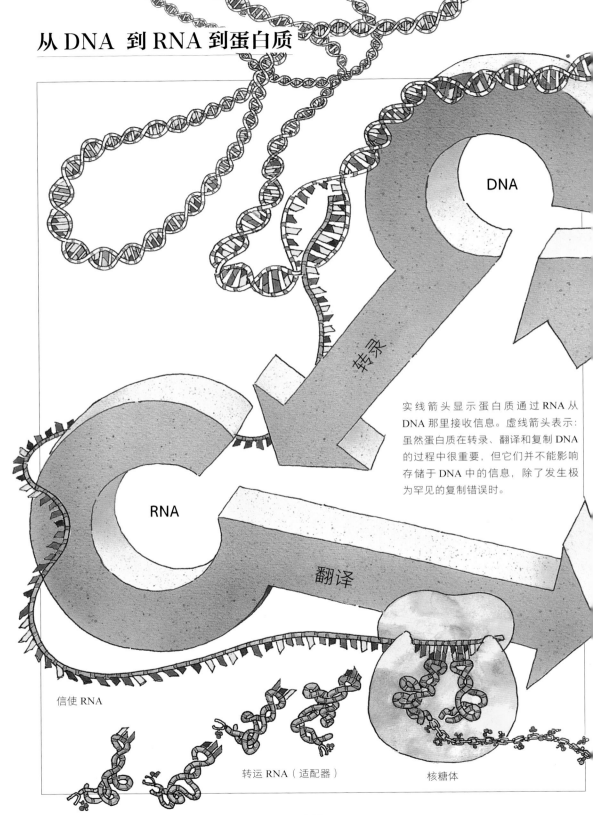

DNA

转录

实线箭头显示蛋白质通过 RNA 从 DNA 那里接收信息。虚线箭头表示：虽然蛋白质在转录、翻译和复制 DNA 的过程中很重要，但它们并不能影响存储于 DNA 中的信息，除了发生极为罕见的复制错误时。

RNA

翻译

信使 RNA

转运 RNA（适配器）

核糖体

信息的传递

我们在第三章介绍了从 DNA 到蛋白质再回到 DNA 的循环；现在，这个循环可以更准确地被看作是一个从 DNA 到 RNA 到蛋白质再回到 DNA 的环路。从严格的生产线的意义而言，信息以写在核苷酸序列中指令的形式，仅向一个方向流动：DNA 中的信息被转录成 RNA，然后 RNA 被翻译成蛋白质。蛋白质是编码信息线路的终点，它们无法再把信息传回给 DNA。

而且，在更广泛的领域，我们的蛋白质——作为我们的眼睛、耳朵、鼻子、皮肤、神经，等等——才是我们与所处的世界交流的直接媒介。DNA 无法完成这些任务，这也就是为什么我们的经历不能改变我们的 DNA 编码序列。这就是为什么在我们有生之年，我们获取的特性和行为不能被继承。无论什么作用于我们的蛋白质，产生它们的 DNA 编码信息都不会改变。

然而，蛋白质对循环的连续性起到了至关重要的作用，因为在生物体的生命周期中，它们能读取并翻译 DNA 中的指令，复制 DNA，使得信息可以被传递给下一代。而且，蛋白质控制着到底哪一部分 DNA，即哪些基因能够得到表达；因为它们能根据周围的环境信息开启或关闭基因（见第五章）。从这个角度而言，蛋白质能够影响生物系统中的所有信息流。

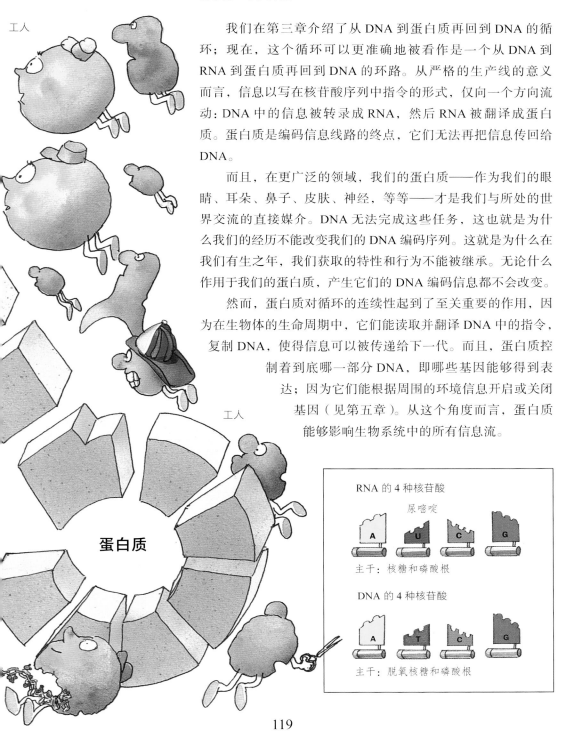

工人

工人

蛋白质

RNA 的 4 种核苷酸

尿嘧啶

A   U   C   G

主干：核糖和磷酸根

DNA 的 4 种核苷酸

A   T   C   G

主干：脱氧核糖和磷酸根

至关重要的发现

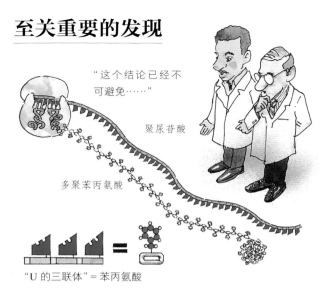

"这个结论已经不可避免……"

聚尿苷酸

多聚苯丙氨酸

"U 的三联体" = 苯丙氨酸

破解遗传密码

　　1961 年，两位年轻的生物化学家，马歇尔·尼伦伯格（Marshall Nirenberg）和约翰·马特哈伊（John Matthaei），取得了惊人的发现。当时，他们在位于马里兰州贝塞斯塔的美国国家癌症研究所工作，还不知道信使 RNA 在英国和法国已经被发现，而他们正在寻找类似的东西：即某些类型的 RNA 可以利用核糖体来制造蛋白质的证据。他们把自己能找到的所有 RNA 样品都拿来与来自细菌的核糖体一起培养，并且加上了活化酶、ATP、转运 RNA，以及氨基酸的混合物。他们试图寻找是否有哪种 RNA 能够刺激蛋白质的合成，但结果却并不令人欢欣鼓舞。直到一次偶然的机会，他们添加了一种人工 RNA——聚尿苷酸（U—U—U—U……）；这种 RNA 是只用一种核苷酸——尿苷酸——聚合而成，产物如同天然的 RNA 链一样。令人难以置信的是，核糖体乖乖地"读取"这种"聚 U"链，并把它转变为人工"蛋白质"——多聚苯丙氨酸，即由苯丙氨酸这一种氨基酸组合成的长链！于是，一个结论就变得不可避免：苯丙氨酸的三联体密码必须是 UUU。

　　这个发现还有令人兴奋的更广泛的含义：如果我们能用核糖体把任何核苷酸序列的 RNA 翻译成蛋白质，那么我们就可以用已知序列的 RNA 与核糖体一起培养，然后看看什么样的氨基酸序列会被制造出来。这就是破解遗传密码的终极方法！像其他了解到他们的发现的人一样，尼伦伯格和马特哈伊极为热情高涨地投入到研究中去。实验的狂潮随之而来，到 1965 年，与 20 种氨基酸相关的 61 个三联体密码都被破译出来了。

如何阅读遗传密码

右边的图表总结了遗传密码。要读懂它就应该像看有坐标的地图一样。3 个核苷酸编码一个氨基酸。比如说你想找到三联码 CAU 对应的氨基酸，那么就要先找到左侧栏中的 C 那一行与上面栏中的 A 那一列相交的区域框。此框包含组氨酸和谷氨酰胺。然后从这个框看向右边一栏，找到 U。因此，CAU 代表的是组氨酸。但也要注意，CAC 也代表组氨酸。

4 种核苷酸的三联体共有 64 种可能性，除了 3 种之外，生命使用了所有的其他 61 种来编码氨基酸。因此，大多数的氨基酸由一个以上的三联体编码。有 3 个三联体不为氨基酸编码；相反，它们告诉蛋白制造装置停下来。

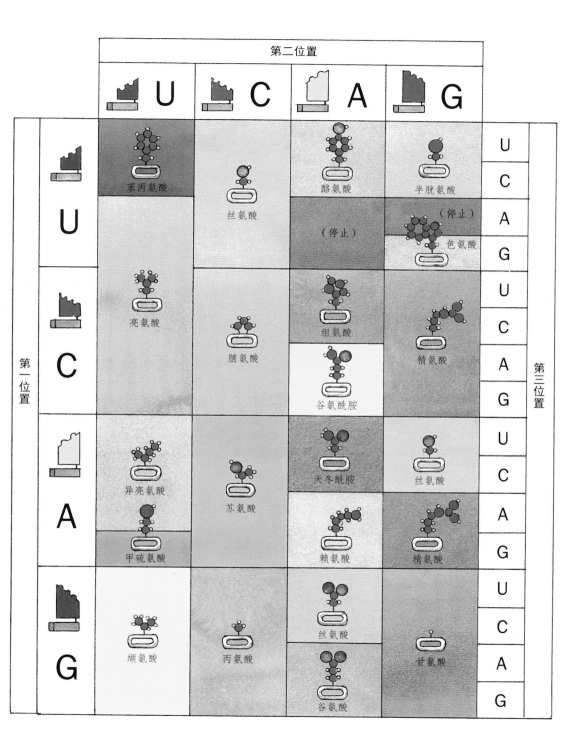

生物的同一性

闪烁的光

乍一看，生命最引人注目的是它的多样性。进化已经用生命把每种环境都填补妥当：细菌在温泉中苗壮成长；鱼在大海深处畅游；鸟以藐视重力的姿态翱翔天空。但是，当我们进行深层次的观察，当我们看到分子在细胞内的运转方式时，我们就不得不惊叹于生命的同一性。所有生物都用 DNA 和 RNA 来存储和复制信息，而 DNA 和 RNA 只是由区区 4 种核苷酸构建的。这些生物都用非常相似的途径来制造核苷酸。它们用相同的 20 种氨基酸和相同的遗传密码把核苷酸链翻译成蛋白质。它们都使用非常相似的翻译装置——核糖体、转运 RNA、信使 RNA 和激活酶。如果我们把细菌的核糖体放在试管中，它们能将人类的信使 RNA 转化为人类蛋白质，反之亦然。而且众多的蛋白质，即那些支持者、行动者、通信者、运输者和催化剂，当我们深度解析它们的主要氨基酸序列时，我们会发现这些序列在整个自然界的大多数生物中都颇为相似。

这样的发现使我们明白，我们都有共同的开端。数十亿年前，一束微弱的光在某处开始闪烁，自那之后，它慢慢照亮地球表面的每一个角落。

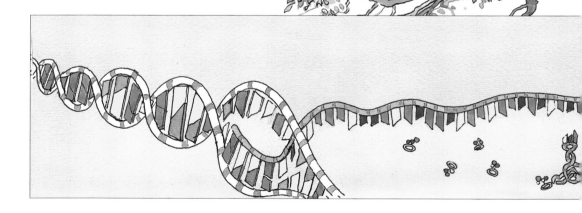

"我们颇为了解自然界那似乎无限多种的生命形式，并对此感到惊讶。但我相信，我们只是约略了解自然的同一性，而这只是我们被无限震撼的开始。"

——刘易斯·托马斯

我们的既定方向是往北飞。但是
飞机向西偏离。于是我们拐向东
来矫正航向。

糟糕！我们已经矫枉过正，需要
重新偏向西方。

达到既定目的地就是通过很多这
样的矫正来实现的。

第五章

反　馈

发出信号，接受传感，做出响应

对地面上的观察者而言，天上的飞机似乎是完全沿着直线在向目的地飞行。但从飞行员的角度而言，其实并非如此。受风或气压变化的影响，飞机难免会因为漂移而离开既定航道。当这种情况发生时，飞行员会向相反的方向转向，纠正飞机的轨道。如果飞行员矫枉过正，那么他必须再次纠正，如此这般。所以实际上飞机是在曲折飞行，不断校正。

反馈是生命的核心特征[1]：所有生物都有这个能力，它们注意到自身的状态，然后在必要时进行"飞行中"的调整。反馈的过程决定了我们如何成长，如何应对压力和挑战，并调节如体温、血压和胆固醇水平这些生命参数。这些调整看上去目的性十足，其实几乎都是无意识的过程，而且它们存在于生命的每个层次——从细胞中蛋白质的相互作用，到在生态系统中生物体的交互影响，都是反馈调节的实例。

反馈到底是如何实现的？这个过程需要两个要素：第一，要有某种装置来测量当前的状态和一些预置的"理想"状态之间的差异（如前例中预设的飞行轨道和实际路径的不同）；第二，要有一些反应灵敏的调整装置，而这些装置可以减少检测到的差异（如飞机的转向构件）。差别越大，调整装置就越要加紧运转。这是负反馈。但有时反馈也可以起到放大的作用，它能增大现状和目标之间的差异。这就是所谓的正反馈——这个过程可能会导致失控和崩溃。但是如后文所言，它也可能引发创新和改进。

飞行员，指南针和转向装置都是一个自我纠正体系的一部分，这个体系就是反馈控制系统（有时称为控制论系统）。

流水线

飞机组装厂

　　如果我们想知道一个活细胞是如何调节自身的，那么我们也许可以看看那种老式的飞机组装工厂。在好多条生产线上，技术工人们从基础材料开始组装每架飞机的重要组成部分。其他工人往蒸汽锅炉下的火中添加燃料，使之能够产生能量，推动机器。决策办公室中的大佬们对预算、市场和物资随时跟进，同时他们还协调设计和施工信息。车间主任从决策办公室接收指令，同时调度工人，使他们能高效地工作。从远处看，生产线似乎波澜不惊，平稳前进。但如果近距离观察，就会发现多少总有一点混乱。工人有时超出生产目标，有时又算错了所需部件的数量；机械有时也会发生故障。但工人总能很快地纠正自己的错误，使生产线保持运转。

　　虽然即使是最简单的活细胞也比飞机组装厂更加复杂，但无论是在组织形式上，还是在自我修正的行为上，它们都和组装厂非常相似。细胞里的工人是酶，它们分工协作，就像在装配线上一样。其中一些酶就像车间主任一样，具备评估系统并进行必要调整的非凡能力。细胞中各种过程的最终产品，当然就是细胞本身。细胞制造更多的构成其自身的组件，维护它们，使用它们来完成整个生物体的需求，并且最终复制细胞本身。

工厂和细胞都围绕几个
基本规则进行组织：

1. 各项进展要平稳推进。
2. 勿使组件和产品积压过多。
3. 机动灵活，随时准备因新的需求而做出调整。
4. 对每一级的生产都进行监控。
5. 时常对生产装置进行修理和更换。

循环的信息

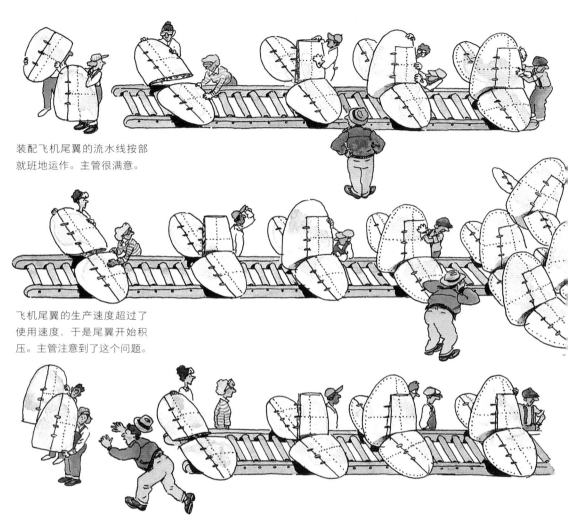

装配飞机尾翼的流水线按部就班地运作。主管很满意。

飞机尾翼的生产速度超过了使用速度，于是尾翼开始积压。主管注意到了这个问题。

主管要求放缓生产速度。于是工人们遵命行事，尾翼成品的库存开始下降。继而，随着尾翼供应的短缺，主管就会要求工人加快其装配的速度。

直线和环线

　　流水线只朝一个方向移动，从原料输入到产品的输出，由主管人员进行监控和调整。如果太多产品开始累积，主管会减慢原材料的输入。相反，如果有太多的原料，主管会加快生产进程。

　　要想明白反馈调控是如何实现的，你也许可以想象信息（即那些表达"太多"或"不够"的信号）是随着一个环线流动的。如果能把生产线弯成一个圆圈，并让主管处于最好的战略位置，那主管就能更好地控制输入和输出。这种安排也许对很多工厂来说有点不切实际，但如右图所示，它在细胞中的分子组装线上却极为好用。

128

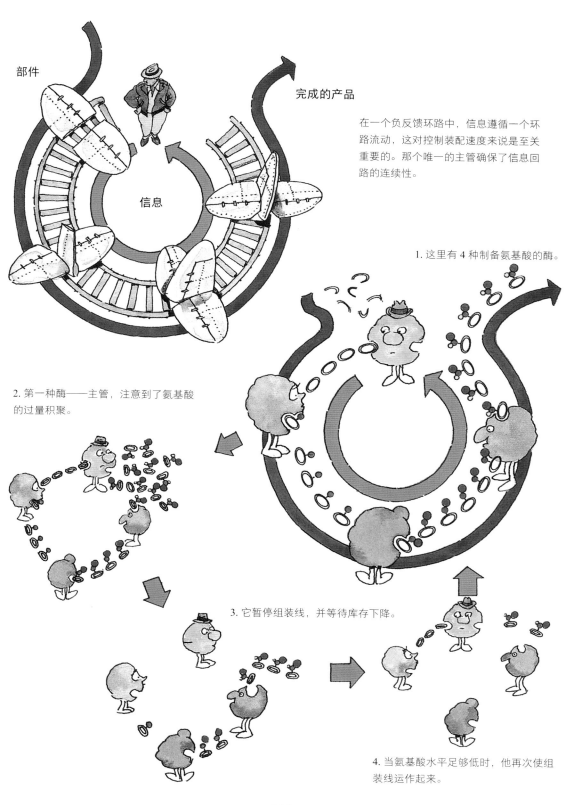

部件

信息

完成的产品

在一个负反馈环路中，信息遵循一个环路流动，这对控制装配速度来说是至关重要的。那个唯一的主管确保了信息回路的连续性。

1. 这里有 4 种制备氨基酸的酶。

2. 第一种酶——主管，注意到了氨基酸的过量积聚。

3. 它暂停组装线，并等待库存下降。

4. 当氨基酸水平足够低时，他再次使组装线运作起来。

129

变构——反馈控制的关键 [2]

作为调节器的酶

变构——基本概念

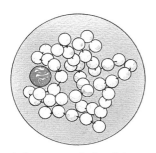

想象一下，一串珠子半包围着一枚弹球。

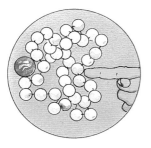

现在试想用你的手指推动弹球相反一侧的珠子，使珠粒移动。

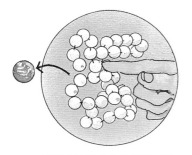

随着你的手指推动到弹球所在的凹点，弹球被挤出。

现在，我们可以更好地明白为什么我们把酶称为"智能化"的了。其独特的化学性质使它们不仅要做自己日常的工作，例如重组或拆卸其他分子（见第104页），而且还要处理信息。某些具有"监督"或是"管理"能力的酶，能轻易而又可逆地改变形状，并以此对收到的信号做出响应。这些调节酶除了在表面上有可以让其他分子"停靠"并对其加工的工作位点，还具有专门用来结合小信号分子的第二位点。当信号分子与这个特殊的位点结合，它的作用就像放在了开关上的手指那样：它使得酶的形状改变，导致其工作位点停止运作。这个简单到近乎可笑的过程被称为"变构"（allostery，字面意思是"其他形状"），而这个过程却控制着生命中为数众多的复杂到难以想象的调节过程。

谁来负责关闭调节酶——也就是说，使它们停止工作呢？这个过程是通过调节酶和化学信息的真切接触来实现的。有些调节酶会因信息（化学信号）被去除而关闭，有些却完全相反，它们会因信息的输入而关闭。和大多数的蛋白质行为一样，这些反应具有高度特异性：在通常情况下，一种且仅一种信号能够充当一个且仅一个酶的化学开关。但是，一旦某个调节酶的工作位点被关闭，它可以关闭整个生产线。这样，一个调节酶就可以控制一个很大的反应链，就如同调速器控制蒸汽发动机的转速一样。

通过了解变构酶如何工作，我们可以窥探到生物是怎样实现它们令人印象深刻的多样性的。酶，作为细胞中的工作者，它们运输、构建和分解小分子，而变构酶作为监管者，它们控制和协调这些过程。而且，正如我们将要看到的，更高层次的监管者控制着下级监管者，在互通的反馈回路形成了有层次的结构。

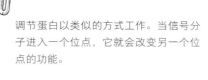

调节蛋白以类似的方式工作。当信号分子进入一个位点，它就会改变另一个位点的功能。

130

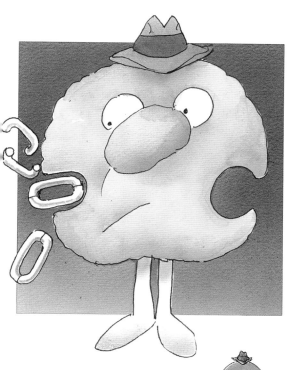

第一种形状：激活型

当酶是这种形状，工作位点是开放的——系统处于"开"的状态。

现在开启

究竟什么是在酶装配线上的开 / 关信号？它就是最终的产物分子本身。这种分子就像是由主管给装配线上的第一工人发送的消息一样。当它连接到酶上正确的位点时，它会说："够了，别制造我们了。"

第二种形状：监管型

当酶是这种形状，工作位点是封闭的——系统处于"关"的状态。

关闭业务

信号分子和位点的结合是符合统计规律的。如果存在大量的产物分子（信号），那特定的一些相同的位点被填充的可能性就变得更大。

当产物分子的浓度降低时，它们开始从位点中脱落，使位点空置。

131

变构和分子通信

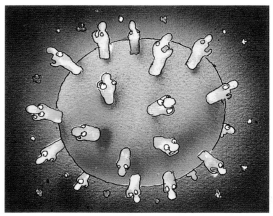

变构受体镶嵌在细胞膜中。

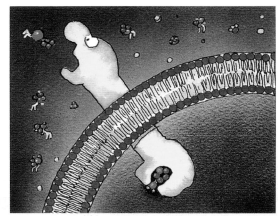

每种类型的受体与特定的信号分子相匹配。

信息素

鼻子里的受体

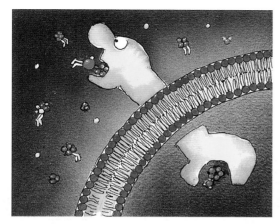

当分子恰好结合到位，

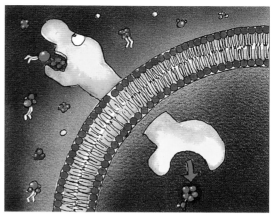

受体改变形状，释放内部信号。这随之触发细胞
的变化（更多请看第 158 页）

蛋白质是生命的通用中间人

啊……春天来了

变构机制揭示了生命的一个基本特征。一般情况下，只有当它们彼此有一些化学亲和力时，分子才会相互作用。但生物体的变构蛋白可以使一些本来没有直接的化学关系的分子互动起来。通过作为中间人的这类蛋白质，理论上任何小分子都可以充当信号来影响任何化学过程。由大脑、甲状腺或是卵巢制造的一个简单的激素分子，可以通过血液流动到达遍布全身的细胞，并且启动目的地的化学反应。由一只雌性鼹鼠释放到空气中的信息素分子，可以抵达雄性鼹鼠鼻子里的受体蛋白，并触发一系列的反应且最终导致交配。变构使得生命不仅能够精于分子控制，而且也掌握着分子通信。通过进化，调节蛋白给生命带来了更为错综复杂的化学关系，这些化学关系构成的网络显现在细胞内、细胞之间以及由细胞构成的器官和组织中——这就是生命的网络。

更高级别的控制

一个本地级别的环路

单个装配线由一个调节酶控制，而此酶也是装配线的成员之一。

本地控制

这里是一个虚构的铆钉加工器，它的产出是由铆钉的累积量控制的。

当机器生产了太多的铆钉时，这些铆钉会将机器关闭。这就是本地控制。

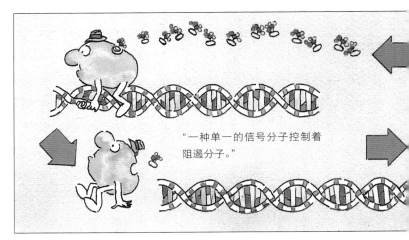

"一种单一的信号分子控制着阻遏分子。"

控制制造装置的装置 [3]

我们已经看到反馈控制是如何在每个单独的装配线中发挥作用的：最终产物抑制第一种酶的活性。这个过程快速、灵敏而又可逆。

在更高的层次上，反馈调节过程控制着装配线上的装置的制造。这种类型的反馈控制直接作用于基因，它的效果出现较慢，但却更为显著。这样的反馈控制会使得细胞不再制造参与组装特定产物的酶，就像解雇了在一个流水线的所有工人一样。

与前述相同，在这里产品就好像是放在开关上的手指一般。但

134

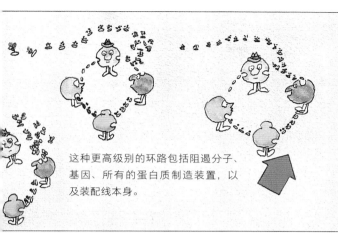

更高级别的环路

有一种变构蛋白被称为阻遏分子，它有一个响应信号分子的位点，还有一个可以与 DNA 结合的位点。阻遏分子可以控制装配线蛋白质本身的合成。当它被激活时，阻遏分子与 DNA 结合，并防止信使 RNA 的合成。（在某些情况下，信号分子会激活阻遏分子；而在其他情况下，信号分子会使阻遏分子失活。）

这种更高级别的环路包括阻遏分子、基因、所有的蛋白质制造装置，以及装配线本身。

更高级别的控制

这里有一个制造铆钉加工器的机器。就如同铆钉加工器一样，它的运作状态取决于积聚的铆钉的数量。太多铆钉会阻止铆钉加工器制造机的工作。这就是一种更高级别的控制。

该系统包括大的铆钉加工器制造机、小的铆钉加工器以及工人和操作员。

在这种情况下，被接通或关闭的蛋白质是控制生产的一种或多种酶的基因调节蛋白。通过关闭某些基因，该基因调节器（可称为阻遏分子）能抑制用来制造产物的几种酶（包括调节酶）的生成。它通过停止信使 RNA 的转录达到这样的效果（见第 96 页）。

这种反馈控制的第二种方法与第一种具有相同的目的：避免生产过剩。但其效果更为深远。它能节省材料和能量；没有它，这些材料和能量会被细胞用来制造本不需要的蛋白质，也就是那些已经开始积压的产物。这个操控过程就像是控制了管弦乐队的指挥，而不是单个的音乐家。

得不到就自己造

"色氨酸没了"

想象一下，你是一个细菌，独自裸体徜徉在广阔如荒野一般的液体中，拼命成长，希望在不久的将来能长到足够大并且分裂变成两个自己。你是一台精简却又效率十足的机器，就像简装赛车一样，无须额外的便利性与舒适性，也不是什么奢侈品，而是高度适应于完成一个单一的目的。而你只能用大约区区 4 000 种不同的蛋白质来实现这个目的。相比之下，人类细胞有 50 000 种以上的蛋白质。但是，你最显著的成就，你留给所有更高级别的生物的最好的礼物，就是你能够用蛋白质作为调节器来掌控自己基因的机制。通过表达某些基因并关闭其他一些基因，你可以调整自身，以适应一个不断变化的世界；虽然你身形微小，但你却迈出了进化史上的一大步。

你最令人印象深刻的能力，是你能以糖为主要原料制造所有所需的氨基酸和核苷酸——这毕竟需要数百种不同的酶（顺便说一句，人就做不到）。通常情况下，你从腐烂的有机物中摄取现成的氨基酸和核苷酸。但当物质缺乏的时候，当唯一可用的东西只有糖，你必须自强图存（即自己用糖来生产制造氨基酸和核苷酸的酶），否则就会灭亡。

以一种氨基酸——色氨酸为例，这里的图显示了你如何制造用来装配这种氨基酸所需的酶。蛋白质调节器（这里称为阻遏蛋白）充当了开启或关闭基因的开关。

细菌之内：

当色氨酸充足时，基因被关闭。 ▶

有 5 个基因会被用来制造 5 种装配色氨酸所需的蛋白质。当色氨酸充足时，变构阻遏蛋白结合到 DNA 上。

因为阻遏蛋白占据了结合位点，负责把 DNA 转录成信使 RNA 的 RNA 聚合酶不能结合到 DNA 上，也就无法完成转录。

当色氨酸变得稀缺，基因也不再受阻。 ▶

当色氨酸分子稀缺时，例如，当它们正被大量消耗于蛋白质的合成，它们不再结合于阻遏蛋白的调控位点。于是阻遏蛋白失去了结合力，从 DNA 上脱落。

RNA 聚合酶于是能够把这五个基因转录成信使 RNA。这些信使 RNA 又在核糖体那里被翻译成五种酶。这些酶立即开始工作，以糖为原料制造色氨酸。

如果色氨酸的使用速度没有足够快，它会再次在细胞中累积，并激活阻遏蛋白，于是一切又会回到控制环路的开始处。

DNA

RNA 聚合酶

阻遏蛋白

色氨酸充斥了阻遏蛋白上的调控位点，改变了阻遏蛋白的形状，使得它像糨糊一样粘到 DNA 上。而它所处的位置，恰好在制造那 5 种色氨酸装配蛋白所需的基因前面。

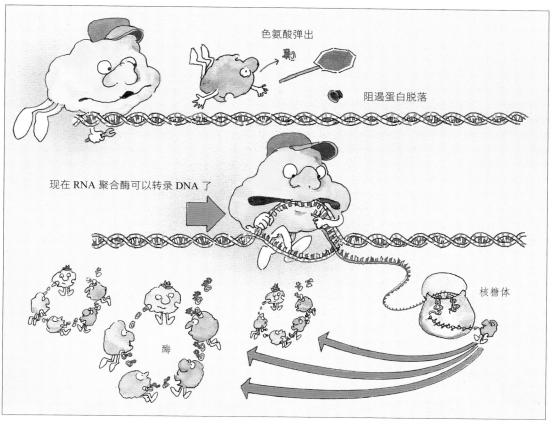

色氨酸弹出

阻遏蛋白脱落

现在 RNA 聚合酶可以转录 DNA 了

核糖体

酶

137

趋化性：化学信号如何产生出方向明确的运动

奔行和翻滚

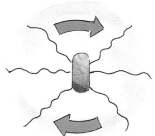

一种细菌的运动涉及两种动作的交替："奔跑"（上图）和"翻滚"（下图）。

每个翻转改变运行的方向。如果它没有收到任何信号，细菌会把两种行动交替运行，每种持续大约一秒。这将产生一个随机的"行走"轨迹。

细菌利用趋化性（字面意思是"由化学物质引起的运动"）在它们的环境中寻找食物——这是生命中最古老的对化学信号的反应形式之一。有一种细菌使用几根鞭毛来游动，而这些鞭毛就好像形如长鞭的尾巴一样。它们是由蛋白质组成的，而这些蛋白又可以通过位于细菌的"皮肤"上旋转的圆盘（或"马达"）来转动。逆时针转动使鞭毛顺畅地涌动，就像一个舷外马达，推动细菌向前直行"奔跑"。顺时针旋转使得鞭毛狂摇乱摆，导致细菌漫无目的地翻滚。通常情况下，圆盘的旋转方向每隔几秒钟就会反转，所以细菌在任何一个方向都不会有持续的运动。细菌会奔跑一段时间，然后翻滚一段时间，其结果是一个随机的"行走"。

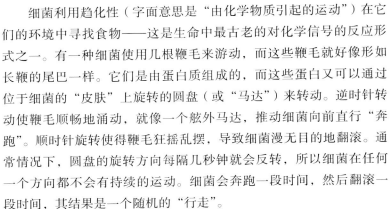

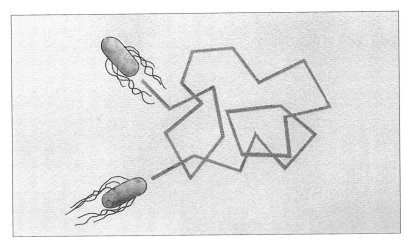

作为一种信号，食物使得细菌进行更多奔跑和更少翻滚，这样细菌就会移向食物分子浓度更高的区域。

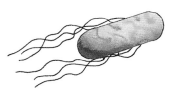

只要它的受体表明它在移向更多的食物，细菌就总是奔跑多于翻滚。它的路径变得更加直接，尽管同时还有随机的部分。

然而，当细菌遇到食物，它会突然变得"有目的性"。当食物分子结合到细菌表面的蛋白质受体上时，细菌内部的变构机制使得鞭毛的"马达"更频繁地逆时针旋转。其结果是更多的奔跑，较少的翻滚，而且总是向着信号更多的方向，因为那意味着更多的食物。只要食物分子"击中"细菌的受体的数量不断持续地增加，"定向"运行对于漫无目的的翻滚的优势就会一直保持。当增加的速度不再上升，细菌会再次开始翻滚。这样它就能把位置大致保持在食物浓度最高的范围附近。从这个微小的生物的行为中，我们可以看到一种对环境中化学信号做出的反应。尽管这种反应还极为原始，但它已经是有目的行为的一个非凡的开端。细菌探查到环境的差异，然后使用自己的内部能量对这些信息做出了应对。

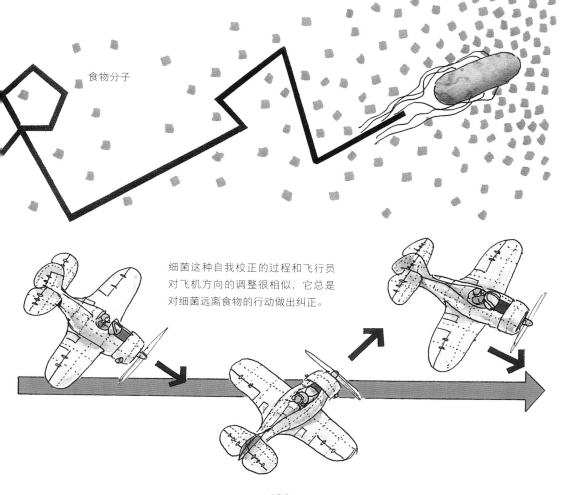

食物分子

细菌这种自我校正的过程和飞行员对飞机方向的调整很相似，它总是对细菌远离食物的行动做出纠正。

神经回路中的反馈

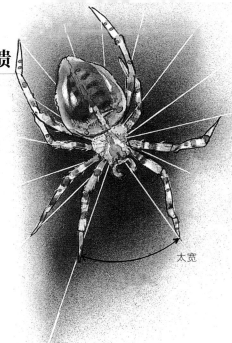

1. 按部就班的步骤

在最简单的层面上，蜘蛛遵循一些既定的步骤。

顺风放出一根蛛丝。

当蛛丝远端抓住什么东西，则拉紧它并把近端固定好。

走过固定的蛛丝，同时拉出松散的第二根丝。使两根丝两端各自连接。

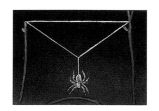

滑动到丝的中心，坠下拉出第三根丝，形成一个 Y 形。

太宽

2. if/then 规则

测量每两根放射丝之间的角度。如果角度太宽，则增加一根放射丝。

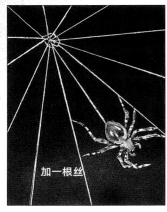

加一根丝

创造一个未来

要适应环境，生物体可以通过调动基因银行制造新的蛋白质来实现，可这个过程很费时间。复杂的生物体，特别是动物，需要更快的反馈系统，这个系统既要对目前的情况做出反应，还要能够预判未来。神经细胞的存在和发展使这种系统成为可能。

蜘蛛织网即正是为它的未来着想。如果它选择了一个好位置，如果它能使蛛网的框架坚韧，各个支撑点受力均一；如果它能使蛛网的环线均匀分布并有充分的黏性，那它很可能在今后的几天里都会餐餐无忧。织网的蜘蛛是在遵循着一组深植于它的神经系统中的既定规则。较为严格的规则决定了它的具体行为；而较为灵活的规则控制着它的整体战略。让我们想象一下你是一只需要遵循四种规则的蜘蛛，那这些规则可能会包括：（1）按部就班，（2）if/then 规则，（3）试错以及（4）模拟。

第一个规则是必须按部就班地织网，而具体步骤包括：随风放出一根蛛丝，当它抓住什么东西的时候，把它拉紧并把邻近的一端固定好。从这条新形成的蛛丝跨绳走过去，同时拉出松散的第二根丝。回到这第二根丝的中心，拉出第三根丝并垂下来，形成一个 Y 字形，等等。按部就班决定了一系列不变的特定步骤，就像一份蛋奶酥食谱一样，必须严格遵守才能马到成功。这里几乎没有给反馈留下存在的空间。一个步骤的结束之处，就是接下来步骤的起点。

在一个更高的水平，反馈就出现了，这就是 if/then 规则：首先，检查每一条蛛丝的张力；如果感觉太松，那就拉紧点。从网的中心，测量放射状蛛丝彼此之间的角度。如果角度太大（即放射丝之间空间太大），则需再加入另一根放射丝，等等。和按部就班的规则一样，if/then 规则也适用于具体的行动，但在此规则之下，蜘蛛可以利用感官输入来改变自己的行为，这就是一个反馈的过程。

第三种规则并不特别指定某个操作，但它可以进行更普遍的调控："重复有效的行为；停止无效的。"观察者们曾注意到，如果蜘蛛网在建造时被毁了好几次，那蜘蛛就会放弃这个工程，另开始一个新的。这就是试错，或者用一个更好的说法：尝试和反馈。

最后一种规则是模拟：这不是让蜘蛛执行一个精心设计的计划，并看其是否有效，而是通过思考建立一个虚拟的模型，然后推断出结果。这样一个建立模型的过程需要更复杂的神经通路。即使蜘蛛能做到这一点，那也只是以一种极其简陋的方式实现的。它们确实有时会为最终的螺旋图案拟出一份大致的"草图"；然后，它们用同样的步骤，并利用自己的腿来丈量尺寸，做出一个更精确的版本。完事之后，它们会吃掉原来的"草图"。

所有的动物，也许甚至植物，都遵循一系列或严格或灵活的规则。动物越复杂，其所遵循的规则越灵活；这就使得动物越能基于经验和反馈来调整自己的行为，这个过程通常被称为学习。

4. 模拟

用临时网丝为最终的大网拟一份"草图"。然后，用同样的步骤，做一张永久的网，并在制作时仔细测量。（完工之后吃掉原来的"草图"。）

3. 试错

如果蛛网在风中摇摆得太厉害，那就试着给网增加配重。如果这样做还不行，那就放弃这张网。

级联

正反馈

到现在为止，我们所讨论的反馈都是负反馈。但是，在反馈环路中，当信号使产物的数量变得更多而不是更少时，那正反馈就会发生。在这个过程中，产物出现得越多，接下来制造的就更多。你可以想象：在一部歌剧中，女主角所唱的咏叹调中，一个音是引导更多演员登台的信号。随着新登场的演员贡献自己的歌声，更多表演者将被引导来到舞台。如此这般，越来越多。

当女高音唱到某个音，

男高音就会出场。

这两人一起又唱到这个音，

就引出了少女合唱队。

主唱和合唱一起又唱到了这个音，

于是精力充沛的野蛮人们出场了。

每次另外的声音加入都能召唤更大的队伍。不久，舞台上就站满了歌手。

在生物学上，正反馈过程被称为级联。一些事件触发另一些事件，且增强幅度不断上升。这很可能导致发生一种危险的"失控"情况，例如上瘾或者癌细胞的无限制生长。但级联也可以成为创新的源泉，它能使一个系统挣脱常规的束缚，而进入一个新的状态。就像复利不断翻滚累加，学习促使更深入学习、成功孕育更多成功一样。在下一章，我们将仔细研究一个重要的级联过程——一个单细胞生长发育成胚胎。而在最后一章，我们将着眼于进化中那更为宏伟的级联。

生态循环 [4]

自我修正系统

从控制论的角度来看，生态系统就是一个巨大的反馈环路——一组相关联的部件相互作用，这样当一个部件发生变化，与之相连的部件也会受到影响。例如，在淡水中，鱼吃藻类并排泄有机废物；细菌消耗这些废物并排出无机物；藻类则摄入无机分子。每个群体在一个相互依存的周期中各居其位，并且蓬勃发展。这种平衡的生态系统很具有灵活性：令人厌烦的失衡状态总会在环路中得到纠正。

水温的上升可能导致失衡，例如藻类会过度生长。如果水藻生长过密，太阳光将无法穿透到达它们的较低层，而这些层中的藻类就会死去。这就会造成有机废物的增加，并导致细菌群体的爆炸性增长，大量消耗水中的氧。通常，鱼会因为食物（藻类）的增加而大量繁殖，吃掉更多水藻，使系统恢复平衡。

我们已经了解到，变构蛋白质是如何作为主管或是调节器来控制细胞内的周期性系统的了。在一个生态系统中，"调节器"通常是最大的有机体，它有着最慢的代谢活动。淡水生态系统的自行纠正不可能比鱼对藻类的大量增加做出的反应更快。因此，即使生态系统能自我纠正，它们有时也会因突然而又极端的变化而崩溃。例如，如果太多的有机废物以污水的形式进入系统，那可能会把淡水中的氧消耗殆尽，并导致整个系统土崩瓦解。

这是一个简单的模型。在大多数情况下，生态系统不是作为单环路而运转的，它们通常是由很多相互连接的环路构成的网络，其中正反馈和负反馈都会起作用。而如果我们可以深入研究这些环路，我们会发现在每个环路中分子都在永无止境地生成和分解。这就是生命的基本过程，而这些过程则是由无数微小的、繁忙的蛋白质调节器掌控着。

水温上升，使得藻类过度生长。水藻下层死亡，导致有机废物增加。

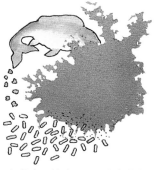

细菌大量繁殖，用尽水中的氧。

鱼大量繁殖，减少水藻的数量，使系统重归平衡。

鱼

水藻

细菌

无机养分

145

第六章

社　群

万众一心

生物学中最惊人的事实之一是，所有肉眼可见的生物本身都是由叫作细胞的"活物"组成的。细胞们可不光光是被动的结构单位或建筑材料，它们是有自己的生活的一个个有机体——它们和我们一样生存、繁衍、死亡。从某种意义上说，我们就是细胞的集合体。我们能够行动、吃饭、睡觉，都得感谢这个细胞社区里由多个同类细胞组成的、独具功能的细胞群之间的协同工作。

细胞很小。优美线虫是一种小得肉眼几乎看不见的小虫，它由不多不少 969 个细胞组成。而你则由天文数字般的五万亿左右个细胞组成。显然，一个这么庞大的细胞聚合体对交流和协作的要求一定很高。细胞必须不停地"交谈"，它们用电信号和化学信号来对你的一举一动进行调控。

在细胞社群里，细胞们按照特定的模式进行自我治理，并十分精确地维持着三维空间里彼此之间的位置关系。如果把两个搏动频率不一样的心肌细胞并排放置，它们最终会步调一致。如果把来自不同的组织的细胞混合在一起，它们很快会按组织来源自动分群。

在进化的过程中，细胞聚集的倾向越明显，它们共享的信息就越多。逐渐地，如单个游离细胞这般原始的生命演变成纵横交错、精雕细琢的复杂体系，引发了诸如视、听、思考等高级活动。

让我们以一张脸为例：在一年里，它的基本特征变化很小。但是在这段时间，大多数最初构成它的细胞和所有的分子都被新的细胞和分子取而代之。也就是说，构成变化了，但模式没变。

产生

整体与局部

生命不是各个部位的简单相加。如果你把一群循规蹈矩的人放在一起，几乎可以肯定他们之间会以完全难以预料的、错综复杂的方式进行互动和组织。

拿遗传信息分子DNA来打个比方吧。我们已经知道了DNA是由4种核苷酸组成的长链大分子（见第84页）。这些核苷酸的基本组成成分和化学结构并不能直接提示人们DNA在生命过程中突出的重要性；只有当它们按照特异的序列组成DNA分子时才令人刮目相看，这就是遗传信息啊！DNA真正的意义不在它的组成单位核苷酸，而在于这些单位是如何组织起来的。

不论对生物还是非生物而言，这都是普适的真理。比如，单个水分子是没有湿度的；只有当无数亿个水分子不停地滑动、相互碰撞，点阵结构不停地形成又崩解，才有了湿的感觉。单个的原子也没有颜色；原子形成分子以后吸收某些波长的光、反射另一些波长的光这才产生了颜色。单独一个脑细胞（神经元）并不会进行"思维"；只有当几百万个神经元把电化学冲动在组织严密的神经元网络中传送时，思维才能产生。

因此与其说整体是部分的简单相加，不如说是各部分的乘积，即把各部分之间的相互作用相乘才能得到。在一个真正的社群里，不论是一棵植物、一个人还是一座城市，其中的个体不知不觉地就超越了自我，成为比自己大得多的一个群体的一分子——尽管这些个体仍然鼠目寸光地遵照局部的游戏规则自谋生路。

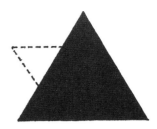

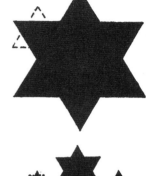

规则：往三角形的每条边上添加持续变小的三角形。

浮现的模式：形成越来越繁复的"雪花"。

模式的出现：简单的个体遵循简单的规则

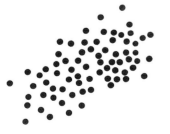

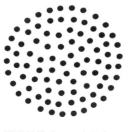

设想一下如果上图中这些随机放置的点都遵循以下两个规则：

1.任何一个点都与它相邻的点保持一个点的距离。

2.尽量靠近中心区域。

浮现的模式：一个圆盘。

148

规则：把一组球形物或是圆柱体拼接起来，使它们互相贴壁并且保证使用的材料最少。

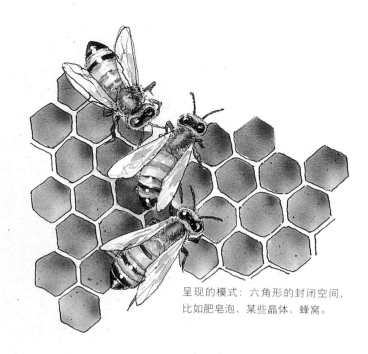

呈现的模式：六角形的封闭空间，比如肥皂泡、某些晶体、蜂窝。

规则：允许两个连接着的、原本平行的界面中的一个的生长速度超过另一个。

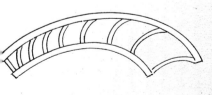

呈现的模式：公羊角、植物的卷须、鹦鹉螺。

高级行为方式的产生

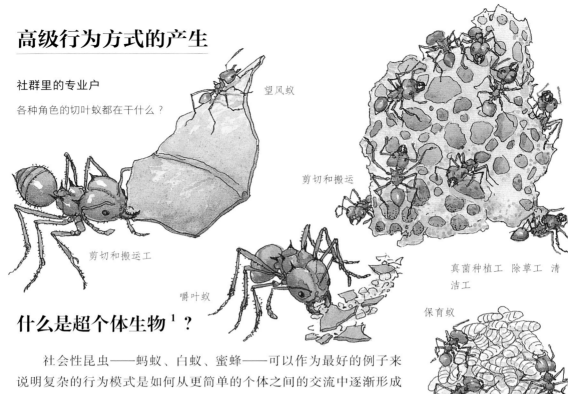

社群里的专业户

各种角色的切叶蚁都在干什么？

望风蚁

剪切和搬运工

嚼叶蚁

剪切和搬运

真菌种植工　除草工　清洁工

保育蚁

蚁后

还有侍蚁

什么是超个体生物[1]？

　　社会性昆虫——蚂蚁、白蚁、蜜蜂——可以作为最好的例子来说明复杂的行为模式是如何从更简单的个体之间的交流中逐渐形成的。就像一个生物体总是比它的单个细胞"懂得"更多一样，一个蚁群总是比其中的一只蚂蚁知道得多。

　　尽管蚂蚁的视力几乎为零，但是他们对化学信号有着超凡的感知力。它们利用不同的化学物质发出一些简单的信号，比如"跟我来""我是蚁群的成员""小心""来帮忙""我在这儿"，等等。生物学家 E. O. 威尔逊是知名的蚂蚁专家，他说一只蚂蚁大概可以发出和接收 15 种不同的信号。

　　想象一下，几个蚂蚁侦察兵出门寻找食物。其中一只找到了一些蜂蜜，在回蚁巢的路上它使尽浑身解数留下一连串的化学信号提示着"跟我走"。而其他的蚂蚁侦查员没有找到食物，就不会在路上留下什么信号。蚁巢里的姐妹们迅速发现了那只找到食物的蚂蚁留下的信号，旋即直扑蜂蜜。很快大队的蚂蚁朝着食物挺进。它们看似一个跟着一个，实际上是靠着自己的嗅觉（准确地说应该是触角），时时与那些携带食物而归的蚂蚁碰撞、接触而获取指导。请注意在这种情况下，漫无目的的觅食行为很快就变成了有组织的行动，尽管每只蚂蚁只是遵照自己的行为准则办事而已。

　　显然，信息共享使蚁群的复杂度（有人甚至称之为智商）达到了单个蚂蚁难以企及的高度。这就是为什么有些生物学家把蚂蚁、白蚁、蜜蜂等称为"超个体"的原因。

社会性昆虫的这种社群特性给了它们巨大的进化优势。虽然它们的种类仅占地球上全部昆虫种类的 2%，可是它们的总数却占了昆虫总数的一半多。

如何无图施工：

1. 一只白蚁随地吐出一小团由泥和处理过的木材与唾液的混合物，其中包含这样的信息："吐在这里。"

2. 其他的白蚁紧随其后，也在同一地点吐出它们的混合物。

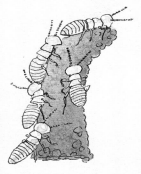
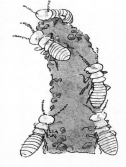

3. 不久小团块就变成了柱子。当柱子到达一定的高度的时候，白蚁仍然追寻着化学信号，得到了第二个信息……

4. "吐在柱子上靠近相邻的柱子的那一侧。"根据这一信号，白蚁给柱子添加材料使得柱子向相邻的柱子"弯折"。

5. 仅依据着这样的局部规则，白蚁就能在不画图纸的情况下建造出精巧的、层次分明的拱门和隧道网——那就是它们的摩天大楼。

从单细胞到多细胞生物

黏真菌历险记：个体到个体的集合

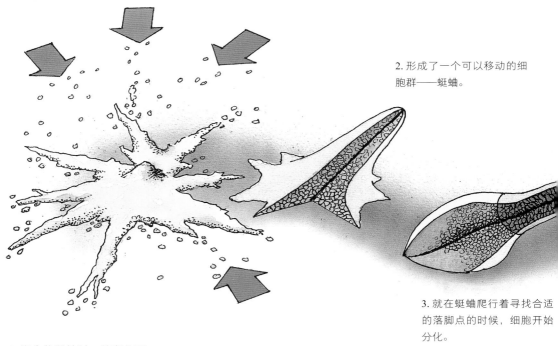

2. 形成了一个可以移动的细胞群——蛞蝓。

3. 就在蛞蝓爬行着寻找合适的落脚点的时候，细胞开始分化。

1. 当食物稀缺时，游离的阿米巴从四面八方聚集在一起。

两面派，耍滑头 [2]

按照已故的作家、哲学家亚瑟·库斯勒（Arthur Koestler）的说法，我们实际上都有两张脸孔。其中一张脸审视我们的内心世界，把我们自己当作是一个独立的个体。当我们独立、自理的时候，我们展现的就是这张脸。另一张脸观察外部世界，察觉到我们是一个大社群里的一员。我们与外界沟通、交往的时候展示的是这张脸。拥有两张脸并不是个体的选择，而是生物本性。每一个生物体既是自己的全部，又是一个更大的集体的一部分。

世上鲜有其他的生物能够比奇异的低等生物——黏真菌，更鲜明地展示这种两面性。黏真菌以游离的阿米巴的方式生活在林地上，靠吞食细菌和酵母菌为生。当食物稀少时，异乎寻常的事情发生了。某个阿米巴自作主张地释放出某种化学物质，与它邻近的阿米巴难以抗拒这信号的吸引力，"漫溢"过来并把它们自己附着在发出信号的黏真菌上。每一个被吸引过来的新成员也都发出各自的信号，这样一来信号不断得到放大（一个很好的正反馈的例子，见第142页）。随着更多阿米巴的加盟，一个最多可达一万个细胞的群体便形

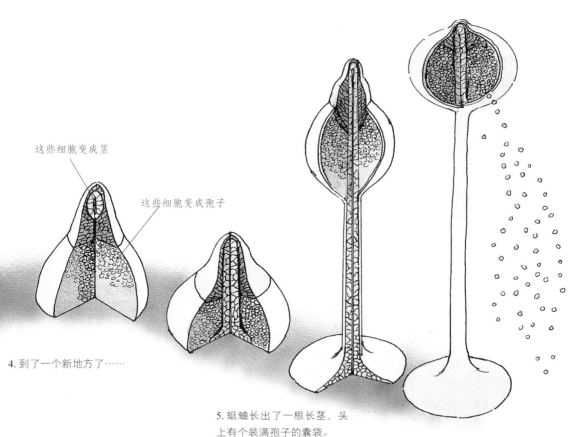

这些细胞变成茎

这些细胞变成孢子

4. 到了一个新地方了……

5. 蜓蚰长出了一根长茎，头上有个装满孢子的囊袋。

6. 很快孢子被释放出来了，它们都会长成独立的阿米巴。

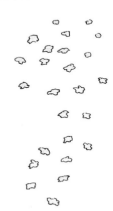

成了。接着令人惊怵的变形过程开始了：这个聚集体先是变形成蜓蚰状，然后向一个新的地点迁移，身后留下一串黏液。蜓蚰在移动的过程中，它的细胞分化成三种不同的类型，每种细胞的具体功能要等蜓蚰到达了一个合适生存的地点以后才变得清晰明了。其中一种细胞形成一个落地盘或叫作足，并向上伸出一根又细又长的茎。第二种细胞形成一个囊袋，里面装着第三种细胞，也就是一簇孢子。这些孢子被释放到周围环境后就会变成新的阿米巴，又一轮循环开始了。

这种由个体到群体成员再回归个体的变化过程是另一个基本循环的对应：从卵到生物体再到卵。黏真菌用这种方式模糊了局部与整体的界线，也预演了生命将要采取的更复杂的繁殖方式，给研究细胞如何聚集、交流、分化提供了诱人的线索——这些因素都可在更高等生物的胚胎发育过程中起到举足轻重的作用。低等生物黏真菌展示了社群令人敬畏的力量，那就是群体通过协作可以完成个体连想都不敢想的使命。

胚胎发育——从单细胞到多细胞

一家人在荒无人烟的地方建了一座房子。

这家的孩子成年后又在这座房子旁边依据同样的设计方案建了另一座房子。

有些建筑者结合各个建筑的设计特点，建造出新型的房子。

后来孙子们又依照原来的方案画了自己的建筑图纸，于是又添了新房子。

这个房屋群扩大成为一个社区了。

一个自治的社群

生物学里没有什么问题比一个单细胞怎么能在几天、几周或几个月的时间里就长成拥有几百万、几十亿甚至几万亿个细胞的复杂生物体更令人费解的了。

我们知道胚胎发育，即生物体的构建过程的基础是基因，是深藏在细胞内的遗传信息。我们仍然在研究这些基因编码的蛋白质究竟是如何相互沟通与协作才能完成这样艰巨复杂的任务。我们的确很难对这样一个千头万绪的过程妄加臆测。首先，细胞要生长和分裂；其次，它们要分化成诸如骨骼、皮肤、神经以及其他许多种类的细胞；再次，它们还要迁移到不同的部位；最后，它们还影响了周围细胞的行为。

上述四大类细胞行为同时发生并相互关联，很快情况就变得极其复杂。也许我们可以把这个过程简单地比喻成扩张的房屋群。

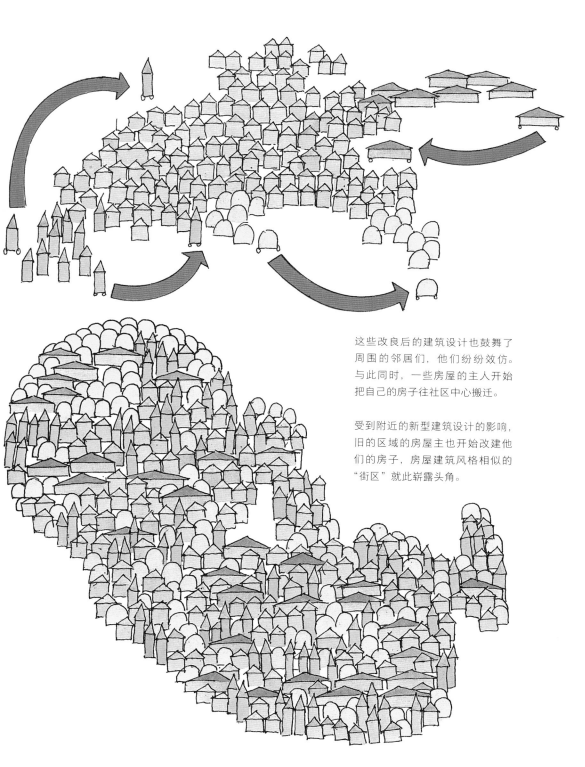

这些改良后的建筑设计也鼓舞了
周围的邻居们，他们纷纷效仿。
与此同时，一些房屋的主人开始
把自己的房子往社区中心搬迁。

受到附近的新型建筑设计的影响，
旧的区域的房屋主也开始改建他
们的房子，房屋建筑风格相似的
"街区"就此崭露头角。

155

组建躯体——第一部

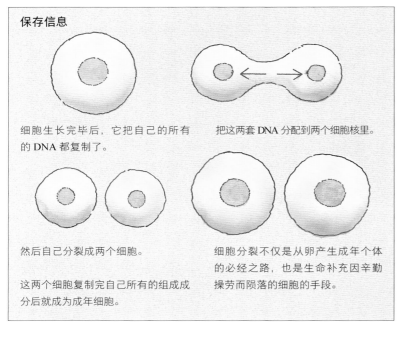

保存信息

细胞生长完毕后，它把自己的所有的 DNA 都复制了。

把这两套 DNA 分配到两个细胞核里。

然后自己分裂成两个细胞。

细胞分裂不仅是从卵产生成年个体的必经之路，也是生命补充因辛勤操劳而陨落的细胞的手段。

这两个细胞复制完自己所有的组成分后就成为成年细胞。

为增殖而分裂

你的身体里的每一个细胞都含有一套完整的构建你的身体的信息，乍一看这好像是毫无必要的累赘。不管怎样，对于一个皮肤细胞来说，如果只携带足够的信息指导自己如何发挥一块皮肤的功能不是更合理一些吗？它为什么要多此一举地捎带上只对脑细胞、肝细胞有用的信息呢？如果一个建筑师来设计一座城市，他总不会在每一栋建筑物的图纸上都附带一整套其他所有建筑物的图纸吧？可是生命就是这么干的！

如果想要弄清楚为什么，我们先要了解细胞是如何分裂的。所有的细胞都要生长：它们把自己所有的组成成分都加倍，这样一来自己的体积也加倍；它们准确无误地把 DNA 的数目加倍后均分成两半。两个全新的细胞取代了亲代细胞，它们都获得了一个完整的基因组，即一整套基因，亲代细胞全部遗传信息的复制品。各种酶精确地执行着基因组加倍的任务（见第 90 页）。生物进化显然是更钟情于这样的方式，而没有选择在细胞分裂的过程中切割、分配基因，那种办法麻烦得让人头晕目眩。每个细胞都获赠一整个图书室，它们只选出它们需要的那些书，剩下的都留在书架上。

形成一个空心球

我们的生命都起始于一个单细胞，一个受精卵。这个细胞会分裂，再分裂，继续分裂，数目一次次地成倍增加——两个变四个，四个变八个，等等。很快这数目变得十分庞大。如果所有这些早期细胞都以相同的速度分裂，那么只需要经过 30 次分裂就会得到上亿个细胞，足以形成一个人类的新生儿。

初期细胞只分裂而并不发生其他变化。当有了大概 100 个细胞的时候，也就是相当于人类胚胎发育的第 5 天，这些细胞形成一个空心球。位于球的一侧的细胞群发育成胚胎，另一侧的细胞发育成给胚胎提供营养物质的囊状物——胎盘。

这里讨论的基因复制然后平均分配至两个细胞的方式，应该和另一特殊的细胞分裂方式区分开来。精子和卵子细胞的产生——父方和母方的基因照常复制、重组，但是下一步它们各自会生成四个子代细胞，而不是两个。这些子代细胞就是精子或卵子，携带着一半的亲代细胞的遗传信息。（关于生殖细胞内的基因重组，详见第 201 页。）

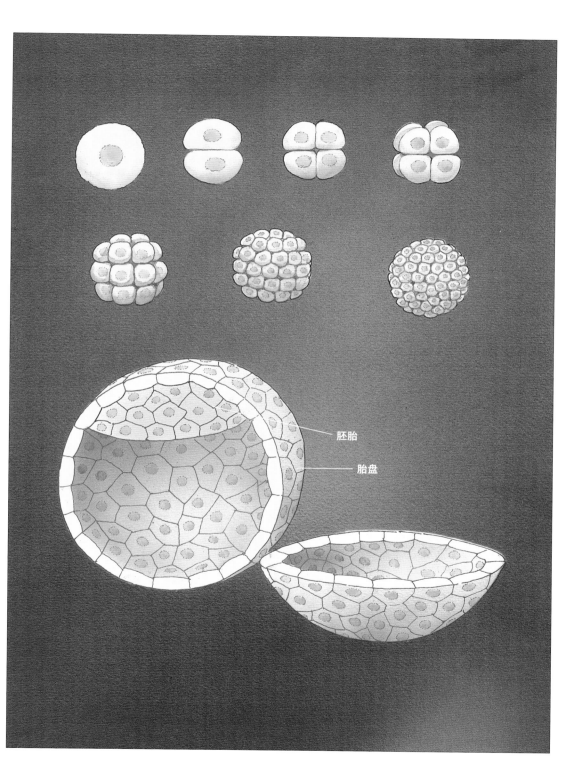

胚胎

胎盘

细胞的信号传导

细胞内的级联

在第五章，我们请读者把自己想象成一个细菌——游离单细胞，在生物界我行我素，只要外界条件适合就将自己一分为二。现在再请你把自己想象成一个拥有几十亿个细胞的生物体中的一个细胞，在你的内部，在你的 DNA 里，你仍然蕴藏着巨大的潜能，一个细菌能做的大多数事情你都能做，甚至还能做得更多，但是现在你的角色已经超出了个体的范畴。你是一个庞大机构的一小部分，这就意味着你要时刻准备接收信号。除非你从某处得到的指令是你不能随便生长分裂。这些信号可能是远处的腺体分泌的激素，也可能是附近细胞产生的蛋白质。你的表面满满当当地排列着许多受体蛋白，每一个都对一次独立的信号起反应。

当细胞分裂的信号和膜受体的胞外部分结合，这会导致受体的另一部分——细胞内的那部分发生变构（记得第五章里提到的变构调节吗）。紧接着，一系列的蛋白质与蛋白质的相互作用开始了，最终目的是激活启动细胞分裂机制的基因（这些作用和激活过程中的能量由 ATP 来提供）。

如图所示，细胞分裂的一个主要步骤是启动 DNA 复制。

这个由信号引发的一系列分子事件和以下的卡通故事类似：公鸡打鸣惊动了一只蹲着的猫，猫跳了起来使得一个钢球沿着斜槽滚下来砸在开关上打开了炉子，于是炉子开始煮咖啡。

细胞从一丁点变成一个新生命必须经历多重变化；每当细胞发生变化时，就会有诸多的蛋白质参与信号接力，最终将信号传递给基因。

有的时候细胞也会变"坏"；它会变成反社会狂，任意分裂，搅扰邻近细胞而且擅自跑到很远的地方去。这种流窜作案的细胞就是癌细胞。癌细胞内有一种或多种蛋白质信号分子出了问题。这种问题是由于编码该信号分子的基因发生了突变而导致的，可能会对整个细胞社群的协调运作产生毁灭性的后果。

目前所有这些信号接力都是生物学研究的前沿重点。探索其中的奥秘可以帮助我们揭开胚胎发育的神秘面纱——为了传宗接代，生物是如何组装新个体，还可以解决癌症的难题——生命是如何被受损的信号摧毁的。

一个信号传导过来

和受体结合

激活了蛋白质充当信使

信使朝着细胞核进发

和有调节功能的蛋白质结合

调节蛋白从基因上脱落下来

开启了信RNA 的合成

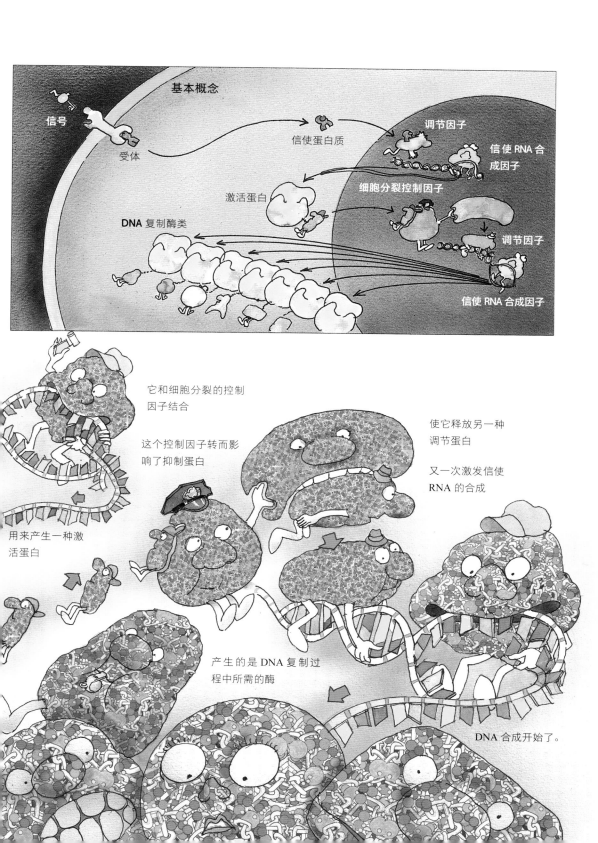

基本概念

信号

受体

信使蛋白质

调节因子

信使 RNA 合成因子

激活蛋白

细胞分裂控制因子

调节因子

DNA 复制酶类

信使 RNA 合成因子

它和细胞分裂的控制因子结合

使它释放另一种调节蛋白

这个控制因子转而影响了抑制蛋白

又一次激发信使 RNA 的合成

用来产生一种激活蛋白

产生的是 DNA 复制过程中所需的酶

DNA 合成开始了。

组建躯体——第二部

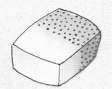

单个细胞就已经有了差异，或者说极性，限于该细胞内部：位于上部的和位于下部的蛋白质不同。

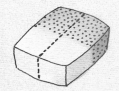

如果细胞垂直分裂，子代的两个细胞将会是一样的。

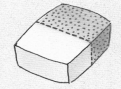

但是如果细胞水平分裂，那么上面那个细胞和下面那个就不一样了。

扩大差异

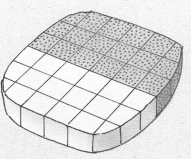

经过数代分裂之后，产生的细胞群就分出其自身的上下部了。同样的过程还可以产生前后的差别。

模式的开端

早期的科学家们通过他们那简陋的显微镜一眼看过去，指天发誓说他们看到了人类每个精子细胞里都有一个已经成形的人。实际上胚胎发育完全是另外一码事。几个细胞在比针尖还小的空间里占领我们所定义的"上部"，其他几个细胞去了"下部"，还有一些来到了"前面"或"后面""外面"或"里面"，这就是塑造一个新生命的身体的起始步骤。此时还没有头和尾的区别，也分不出背侧和腹侧、表皮和内脏，更不存在那些夹在中间的东西。

那些已经定向了的、活跃分裂着的细胞，比如说呆在上部的细胞们，在每次分裂后产生的子代细胞的特性都会有点变化，与周围细胞的关系也会有所改变，最终形成的就是清晰可辨的头部。这个过程中的每一步都要依赖上一步发生的特定变化，这就是为什么我们说"记忆"是胚胎发育的关键。细胞演变为它们最终的角色，前提是它们的先辈选择好它们的目的地。

胚胎渐成形

在第 157 页我们看到的胚胎只是一个空心球内的一簇细胞。在由上图中我们看到的是这一簇细胞形成一个平面，状如圆盘（第一行）。然后逐渐拉长并分出了三个层次：一层是皮肤和神经细胞；一层是消化道细胞，还有一层构成其他各系统。（在图中右下角将这三层细胞分离显示。）我们用简化的格子模型来描绘胚胎细胞数目的增长。

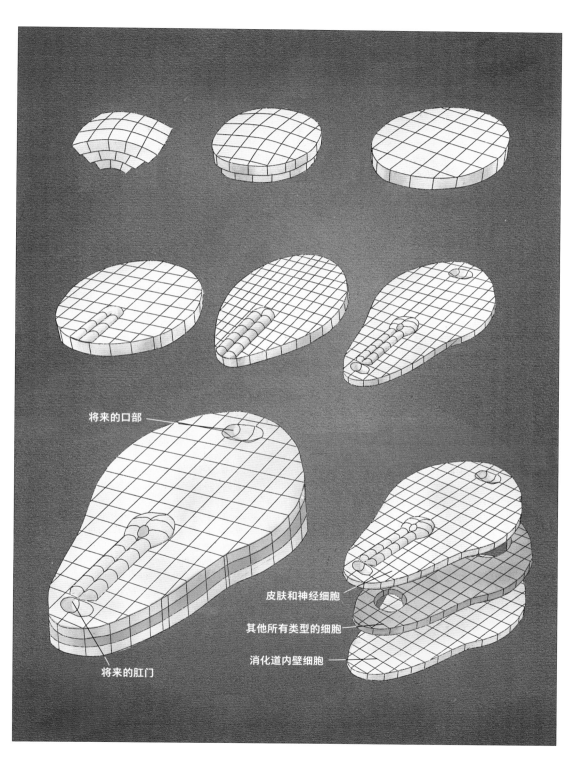

将来的口部

皮肤和神经细胞

其他所有类型的细胞

消化道内壁细胞

将来的肛门

161

组建躯体——第三部

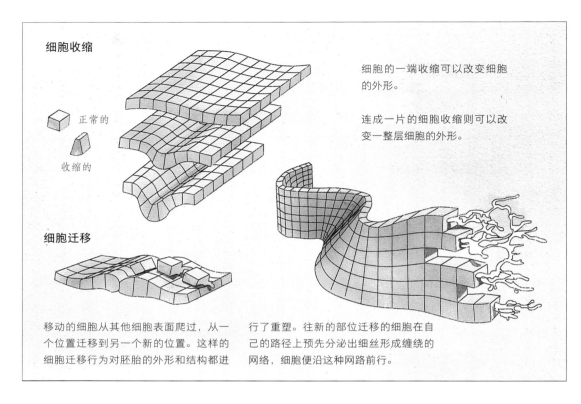

细胞收缩

正常的

收缩的

细胞的一端收缩可以改变细胞的外形。

连成一片的细胞收缩则可以改变一整层细胞的外形。

细胞迁移

移动的细胞从其他细胞表面爬过，从一个位置迁移到另一个新的位置。这样的细胞迁移行为对胚胎的外形和结构都进行了重塑。往新的部位迁移的细胞在自己的路径上预先分泌出细丝形成缠绕的网络，细胞便沿这种网路前行。

收缩和移动

随着胚胎的形态初现，胚胎细胞也越来越活跃。除了单纯的细胞分裂以外，它们还开始收缩和移动。

一组同步收缩的细胞可以改变整个胚胎的外形，例如胚胎背侧的细胞卷曲形成神经管，而这就是将来要容纳脊髓的管腔。一个细胞群会从它们的邻近细胞群脱离开，迁移到其他的部位。如果把胚胎发育过程制作成缩时拍摄的电影，它会向我们展示一层层的细胞同时在迁移，且常常擦肩而过。终将成为消化道的细胞朝着口部向上移动；位于背部两侧的突起向中间移动形成胚胎的脊髓和大脑。令人惊叹的是，这些迁移的细胞似乎都很清楚自己要去向何方。看起来它们都在跟随着某种化学信号而迁移，就和蚂蚁、细菌觅食时采用的方法一样。

先行到达目的地的细胞们做的第一件事是铺好基质——一种细丝组成的缠绕着的网状结构——以供后来的细胞附着。这就有点像生长中的灌木丛，先搭上木栅栏，然后以此为支柱不断蔓延。

头先行

由于沿着胚胎中线上的凹槽的两侧逐渐出现了宽阔的嵴，扁平的胚胎发生卷曲形成管状（第一行）。两侧的嵴合拢后就是将来的脊髓（中间一行）。管状结构两端卷曲像个"逗号"，头和尾就出现了（最下一行）。

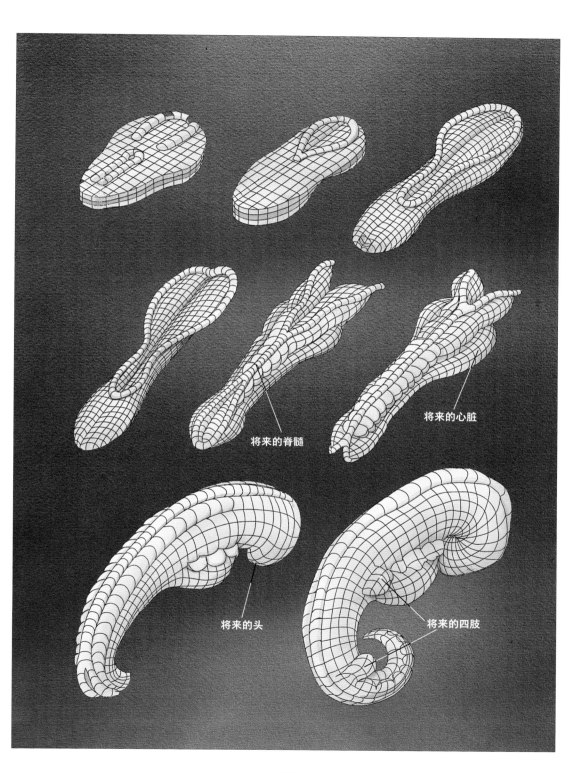

将来的脊髓

将来的心脏

将来的头

将来的四肢

基因开关

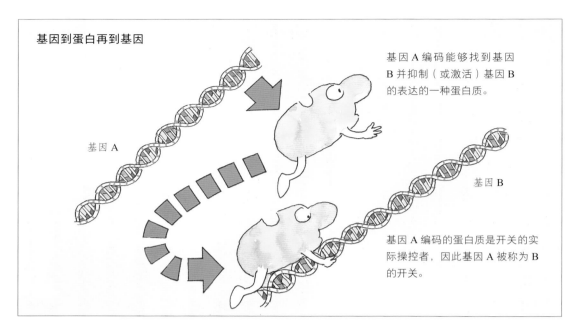

基因到蛋白再到基因

基因 A

基因 A 编码能够找到基因 B 并抑制（或激活）基因 B 的表达的一种蛋白质。

基因 B

基因 A 编码的蛋白质是开关的实际操控者，因此基因 A 被称为 B 的开关。

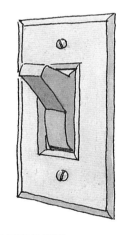

基因回路的起源

一个基因"学会"如何控制另一个基因，这是进化中的一项关键突破。

一个基因是如何开启另一个基因的

要理解胚胎发育的过程，你可得好好琢磨一下基因所起的开 / 关的作用。在第五章里我们已经了解到，有些基因携带的是工程蛋白质的遗传信息，有的基因编码的是具有调节功能的蛋白质。调节蛋白质既不生成什么东西，也不起什么连接作用，它们进入 DNA 位于细胞核内的大本营，找到一段特定的基因，然后霸占在那里，这样一来这段基因就不能表达它编码的蛋白质（有些调节蛋白质的功效和这恰恰相反：它们占据一段 DNA 上的位点，传达启动该蛋白质的合成的信号。例如在细胞分裂的起始阶段就有这样的情况发生，见第 158 页）。简而言之，调节蛋白质的基因扮演着开关的角色，它启动或关闭工程蛋白质基因的表达。

考虑到每一个细胞都携带着整个生物体的全套基因，那么开关的必要性就不言而喻了。举个例子，如果肌肉细胞开始表达肝细胞才有的蛋白质，那么机体就无法正常运行了。因此肌肉细胞必须启动一些表达调节蛋白质的基因来关闭肝细胞基因。换句话说，每种类型的细胞，不论是肌肉、肝脏、皮肤还是其他种类的细胞，都有适合自己的、活跃的基因网络。而细胞其他的基因（其实是绝大多数基因）都保持着沉默，永远被这些顽固的调节蛋白质压制着。

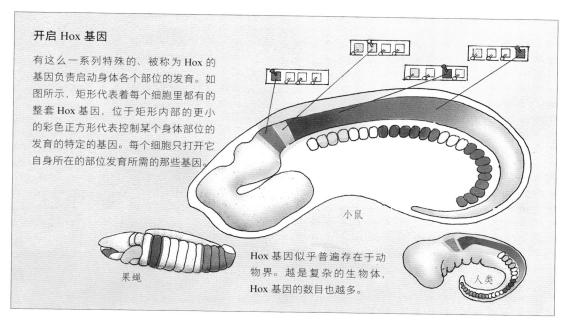

开启 Hox 基因

有这么一系列特殊的、被称为 Hox 的基因负责启动身体各个部位的发育。如图所示，矩形代表着每个细胞里都有的整套 Hox 基因，位于矩形内部的更小的彩色正方形代表控制某个身体部位的发育的特定的基因。每个细胞只打开它自身所在的部位发育所需的那些基因。

小鼠

果蝇

Hox 基因似乎普遍存在于动物界。越是复杂的生物体，Hox 基因的数目也越多。

人类

身体的塑形开关

在胚胎发育过程中发挥作用的蛋白质开关，恐怕是所有开关中最有趣的了。随着发育中的胚胎不断地改变形状，每个细胞必须知道什么时候恰当地表达何种蛋白质，又在什么时候停止产生该蛋白质。所以时机才是关键。

如果调控基因能说话，那么它们应该是这样说的——基因 A："好了，现在制造和前部尾端有关的蛋白质。好，现在把它们都关上吧。"基因 B："很好，现在把形成头部的蛋白质拿过来吧。"如此这般。

反馈信号，如同第 134 页中所述，操纵着蛋白质开关。每个步骤中产生的信号分子都带动着下一个步骤的发生。层流一般的大量的工作蛋白质，由数量小得多的开关蛋白质掌控着，一波接一波地蜂拥而至，发挥着它们的功能。

迄今为止已发现的、最引人注目的"大师"级别的调节基因是 Hox 基因。这一基因只在胚胎发育早期活跃表达，它会告诉细胞们胚胎的头、胸和下肢都应该位于何处，例如胚胎的眼睛、胳膊、腿、等等的位置也随之确定。如果你对你自己和世上其他各物种之间的亲缘关系有所怀疑的话，那么你最好知道这个塑形基因 Hox 普遍存在于昆虫、蠕虫、鱼、蛙、鸡、牛和人类中。

开关上的开关

一个主开关可以控制多个从属开关。这样的特性可以使复杂流程的控制系统简单化。

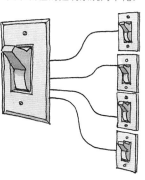

构建躯体——第四部

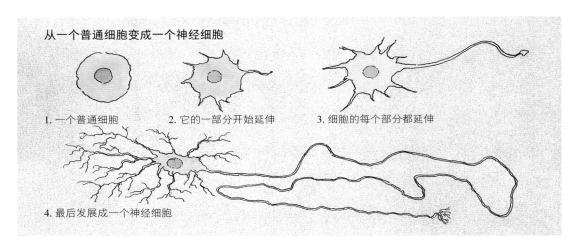

从一个普通细胞变成一个神经细胞

1. 一个普通细胞　　2. 它的一部分开始延伸　　3. 细胞的每个部分都延伸

4. 最后发展成一个神经细胞

专家

我们已经知道了胚胎是如何从一个空心球逐步转变成依稀可辨的躯体的。这个组建过程的原则是由通用到特定。起先，一小团细胞分出上、下、前、后。接着呈条带状或呈排的细胞群出现了，界定着躯体的各个部位，再接下来出现的是鼓凸，将来会变成头、尾和四肢。在此过程中，胚胎细胞产生极性，并收缩、迁移。它们还分化，各自走上特异的道路。

即使最简单得多细胞生物所面临的任务都是如此复杂，以至于细胞分化成为必然趋势。我们可以说这就是细胞的交易——它为一个群体做贡献换来的是食物和庇护所。有能力组成一个完整的生物体的细胞们"决定"成为这个有机体中的小小一分子。它们有条不紊地做着这件事。在胚胎发育期间，每一代细胞都和它们的上一代细胞有所不同。

刚开始时，这些变化小得都难以察觉；经过几代之后，变化渐渐明显起来。胚胎中的某一小团细胞看上去和周围的细胞没什么差别，但是随着这一小团细胞的分裂增殖，它们和周围细胞比起来显得越来越长、越来越细。在细胞内，能够伸长和缩短的丝状蛋白质越来越多，整个细胞也随之收缩和舒张。这些细胞逐渐分化成了肌肉细胞。

在生物体内，细胞不仅要有特异的分工，它们还必须处在合适的位置、在周围有合适的邻居的情况下执行特殊的功能。肌肉细胞要迁移到将来四肢所处的位置，周围还要有骨骼、神经和血管。

皮肤和神经

起初神经细胞和它周围的皮肤细胞没什么差别。然而随着神经细胞以及它们的后代细胞的生长和分裂，尽管它们的外表似乎变化并不大，但是它们的归宿逐渐地、不可逆地确定下来。后来它们突然停止了分裂并且发生明显的形态变化：它们的细胞体延伸出长长的突起（轴突），蜿蜒曲折地和其他神经细胞建立联系，构成大脑错综的回路。从那以后它们就和它们的主人一样长命，它们的祖细胞都凋亡了。

与此形成对比的是，共处一个原始细胞群的其他细胞将来变成了真正的皮肤细胞。它们的"姐妹"神经细胞的特点是大家共有一个"生日"、无亲代细胞存在、长寿；它们则相反，寿命短、死得快，并且持续不断地被祖细胞更新替换。

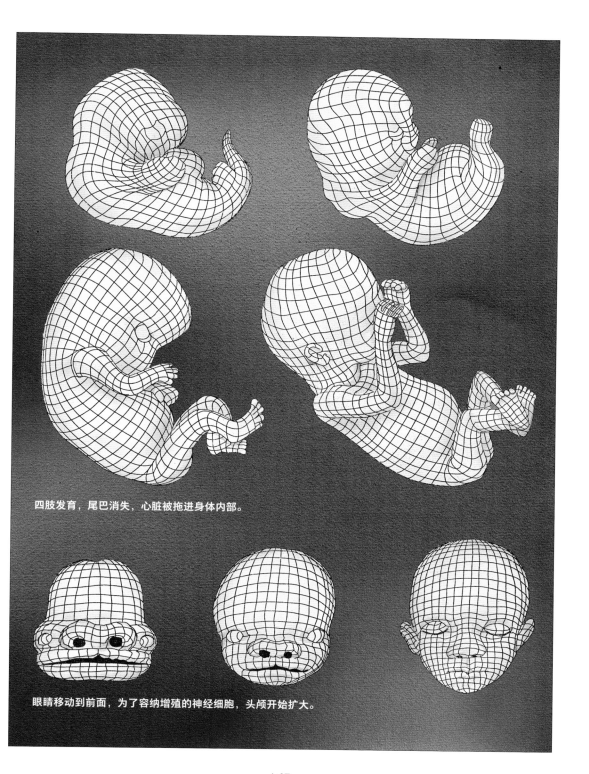

四肢发育，尾巴消失，心脏被拖进身体内部。

眼睛移动到前面，为了容纳增殖的神经细胞，头颅开始扩大。

细胞如何分化

世系方案

每一次细胞分裂传代都会带来一些变化，这是因为每一代细胞都会获取一些新的成分，然后它们在分裂的时候又把这些成分均等分配传到下一代。

从欧芹还有洋葱开始

把东西装进两个锅里

洋葱居多　　欧芹居多

加土豆和牛至

再次把锅里的东西分装

加甜菜和菠菜

洋葱和土豆居多

洋葱和牛至居多

欧芹和甜菜居多

欧芹和菠菜居多

---

1. 内部某些蛋白质分布不均匀的细胞在分裂的时候会产生两个截然不同的子代细胞。

2. 这些新的细胞，在那些不同的蛋白质的作用下会进一步产生更多的差异。

3. 等到这两个细胞分裂时，将会产生四个彼此迥异的子代细胞。

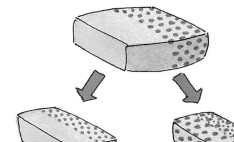

就像一锅汤，细胞最终的"风味"或特性，反映着它们过往的经历。

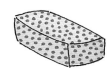

世系方案和接触方案

既然你身体里的每一个细胞都来自一个受精卵，那么你最后怎么会有这么多种不同的细胞呢（人类有 350 种细胞）？显然有两种途径可以导致这种事情的发生：细胞可以通过多次传代以后逐步发生改变（世系方案），或者它们也可以被周围邻近的细胞告知而发生变化（接触方案）。

世系方案的思路在左边的图中通过厨师做汤的模型得以展示。厨师从一锅简单的、含有一种沉到底的重原料（洋葱）和一种漂浮在表面的轻原料（欧芹）的清汤开始做浓汤。他不搅拌这锅清汤，只是把它分别倒入另外两个锅里，这两个锅里的内容物就不一样了：洋葱和欧芹的比例不一样。

接下来厨师继续往锅里添加轻的和重的原材料，然后他像上一步骤里一样把锅里的内容物分开，得到了四锅完全不同的汤。你可以看到每一"代"汤里都和上一次略有不同，然而每一锅汤始终保持着至少一点点初始清汤的味道。因此汤的最终状态（细胞的亦是如此）是由它经历的事件决定的。

左下图向读者显示同样的机理是如何影响细胞的。这里就不是添加蔬菜的问题了，而是各种不同的蛋白质只集中分布在细胞的某一侧，以至于细胞分裂时这些蛋白质在子代细胞中分布不均。这样就导致了不同细胞类型的产生。

而在接触方案下，一个细胞给它邻近的细胞发出信号造成这些近邻们发生变化，这种办法更为简便。它通过一种诱导的方式起作用：一个细胞给它的隔壁邻居发出信号，让它们产生某种或某些蛋白质。邻居细胞做出响应，果然合成了这些蛋白质，但是合成部位仅限于紧挨着发出信号的细胞的那一侧。如下图所示，当这个邻居细胞分裂后，产生的是两个不同的子代细胞，因为它们含有不等量的该种蛋白质。这样的机制反复作用于若干代之后就会产生一系列新的、不同的细胞类型。

接触方案

细胞给它的紧邻发出信号令其发生变化。

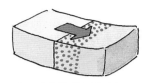

1. 一个细胞诱导和它相邻的细胞在两者紧挨的部位产生某种蛋白质。这使得相邻的细胞变得不对称。

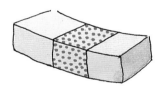

2. 相邻的细胞进行分裂，产生两个不一样的子代细胞。

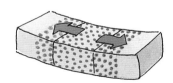

3. 已发生变化的子代细胞（在中间的那个）用同样的办法再诱导它的相邻的细胞。

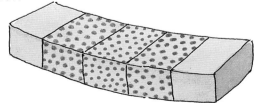

4. 这些细胞接着又再分裂，再诱导与它们相邻的细胞产生不一样的子代细胞，如此往复。

位置信号

当你的位置决定你的行动时

在研究胚胎初期的组织萌芽是如何被塑造成可辨认的身体部位的过程中，科学家们逐渐了解了一类特殊的、被称作形态发生因子的分子的功能（morphogen，英文字面意思是"塑形者"）。形态发生因子通常是蛋白质，它们并不通过局部的细胞与细胞直接接触发挥功能，而是以影响一两个平方毫米面积内所有的细胞的方式来起作用。因此它们对细胞的作用随着因子的浓度变化而不同。

设想一下，一座位于细胞内的无线电发射塔向外发出信号。周围细胞收到的信号依赖于它们和信号源之间的距离。在信号辐射范围之内的、发育中的细胞对信号的解读可能不一样，视信号的强度而定。离信号源较近的细胞由于接收到的信号较强，它们可能产生一种反应；离信号源稍远一些的细胞收到的信号较弱，它们可能产生另一种不同的反应，如此类推。在信号辐射范围以外的地方，细胞根本就没有反应。

形态发生因子的这种浓度梯度展示出来的功能的多样性令人叹服。仅靠一个基因家族表达产生的形态发生因子就可以支配四肢、生殖器官和大脑的发育。

形态发生因子的浓度梯度使胚胎的主干上生发出四肢的萌芽。

从某些关键点发出的信号形成了梯度，指挥着细胞形成四肢的上部、下部、远端和近端（远近是相对于躯干而言）。

细胞的死亡

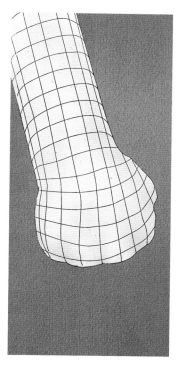
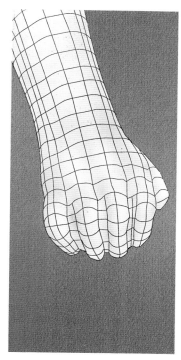
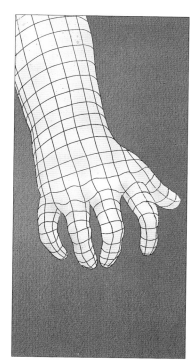

死得其所

　　人们都认为死就是生命的终结。然而细胞的死亡却是创造一个新生命的必经之路——细胞的自行凋亡是生命的程序的一部分。

　　在脑组织的发育过程中会产生大量的神经元，它们比大脑将来能用上的要多得多。大脑细胞的过度生长被称作"开花"，后来在青少年时期将发生大规模的"修剪"。那些和其他神经元只产生微弱的联系，或者没有任何联系的神经元将会死去。神经系统某些区域会因此损失85%的神经元！不过无须担忧，剩下的几十亿个神经元依照早先的经历被很好地组织和联系起来，伴随你度过成年以后的人生还是绰绰有余的。

　　你的手也是因为细胞程序性的死亡而获得它最终的形状的。细胞收到的指令并非是形成五个手指，而是四个空隙，即五个手指之间的空间。占据这些空间的细胞牺牲自己的生命却成就了胚胎的手指。

开花：直到青春期，大脑都在过度产生神经元。

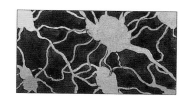

修剪：无关联的神经元自行凋亡。

组建躯体——第五部

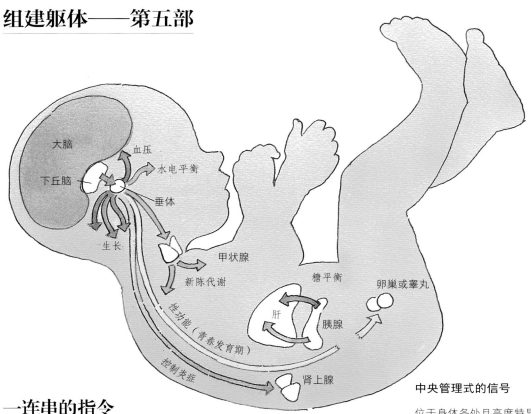

大脑

血压

下丘脑

水电平衡

垂体

生长

甲状腺

新陈代谢

糖平衡

卵巢或睾丸

肝

胰腺

性功能（青春发育期）

控制炎症

肾上腺

一连串的指令

　　胚胎的发育是由一套级别逐渐增高的指令引导着的。一些局部交流指引着胚胎细胞早期的发育；化学信号一次只在几个细胞之间传导。身体的各部位以一种半自主的方式发育。逐渐地，集中式的交流渠道发展起来了。随着细胞特异性的增强，它们越来越依赖于其他的细胞帮它们做事。拥挤在组织内的细胞不能再像游离的细菌那样从周围环境里获取食物和建材，它们需要复杂的血管系统给它们运送物资。它们也越来越听命于远道随血流而来或是沿神经传导通路到达的信号。[3]

　　比如，甲状腺分泌的激素进入血流，与靶细胞膜上的受体结合后使得靶细胞的代谢加快。神经细胞长出长长的突起一直延伸到肌肉细胞，使肌肉收缩或松弛。脑部逐渐成为神经和腺体的高级控制中枢，先是调节诸如心跳和血压之类的自主功能，后来又对声音、情感之类的感官信号越来越敏感。

　　一个新生命的呱呱坠地宣告了这意义深远的孕育过程的终结：两千五百亿个细胞，各自遵循各自局部的游戏规则，造就了一个独特的生命。

中央管理式的信号

位于身体各处且高度特异的细胞群——腺体，分泌出激素，激素携带的指令随血流传达到全身所有的细胞。高级腺体——垂体，接受到来自中枢神经系统的指令后分泌激素，它的激素能够促使其他的腺体分泌激素。血流中这些下级腺体分泌的激素水平上升，同时也给垂体发出信号让它减少分泌激素，下级腺体分泌的激素通过这种负反馈的机制使得自己的水平不至于过高。

在发育的晚期，胚胎把化学信号系统（内分泌系统）和电化学信号系统（神经系统）整合起来。经过这样的整合，胚胎就愈发表现得像个完整的个体，而不是各自为政的细胞群落的集合。

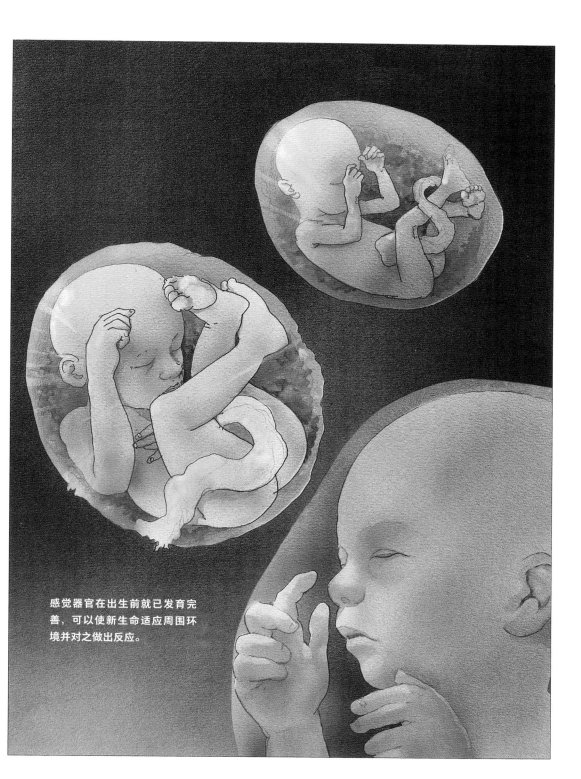

感觉器官在出生前就已发育完善，可以使新生命适应周围环境并对之做出反应。

根

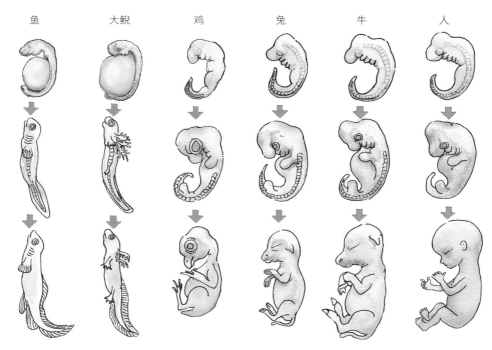

鱼　　　　大鲵　　　　鸡　　　　兔　　　　牛　　　　人

重谈自然界中的同一性

多年以前，科学家们惊讶地发现各种截然不同的生物在它们胚胎发育的早期具有显著的相似性。比如说，胚胎学家们无法把鸟类和人类的早期胚胎区分开。为什么各种胚胎如此相似呢？

回答这个问题时，我们不得不赞叹生物的进化简直是一个能工巧匠。工匠们并非每次都要从最基本的原材料开始制作新物件，他们往往会利用已有的、合适的小零碎。在进化过程中，如果已经有了一套程序适合鱼的发育，那么它就被保留下来，以后在人的发育过程中被当作基础。去掉尾巴和鳃总比拿出一整套全新的构建方案容易吧！

在我们学习研究基因和蛋白质的过程中，我们一次又一次地发现生物进化的这种巧妙之处。果蝇的 Hox 基因的核苷酸序列与其他物种中执行类似的塑形功能的基因的核苷酸序列非常相似，尽管各物种的核苷酸序列还是有所差异。显然，这些不同版本的基因都来自同一个远古的共同祖先。

右图中列举了其他的一些巧妙利用的例子——有些结构原本有它们自己的用途，后来被挪用来做其他毫不相干的事情。

胚胎的相似性

大多数脊椎动物的早期胚胎都难以区分。

174

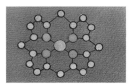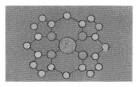

色素分子——叶绿素和血红蛋白

植物细胞中捕捉光子的叶绿素和动物血液里运输氧的血红蛋白十分相似。

发育基因——果蝇和人

在果蝇发育过程中控制果蝇身体基本形状的 Hox 基因和人类的塑形基因类似。

酶——消化和凝血

某些消化酶的空间结构最终折叠完毕后，和凝血过程中的某些蛋白质几乎一模一样。

趋化性——细菌和白细胞

就像细菌为食物信号所吸引，我们的白细胞对炎症部位具有趋化性。

蛋白质——奶酪和眼睛

细菌里的一种酶在奶酪的制作过程中发挥重要作用，在我们的眼睛里它被用作晶状体。

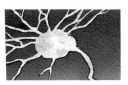

微管——原虫和神经细胞

单细胞生物用来使自己四处游弋的鞭毛，到了我们的神经细胞里成了运输物质的交通要道。

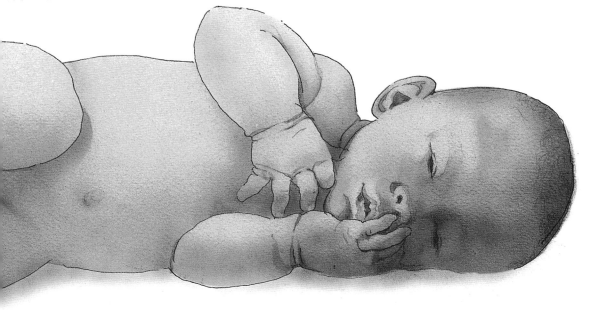

175

第七章

进 化

造物的模式

从进化的角度来看，生命是一条信息的长河。它发源后分出的无数支流以无穷的组合方式形成众多湖泊。它从上一代流至下一代，对沿途流经的生物体进行改造和分类。个体的成功与否决定着它所携带的遗传信息的命运。信息被分类、筛选，只有最有价值的才被保存下来，继续向下游奔腾而去。这股洪流就是进化。

进化的主要机制——自然选择，不是单一的过程，它具有双重含义：随机和选择。它们依次登台：随机事件使得一个群体的信息（基因）库里发生了一些不定向的变化，而选择作用则非随机地把"行得通"的（也就是有利于个体生存和繁衍后代）变化保存下来，把"行不通"的变化丢弃。大自然在不经意间改变了信息；信息的改变导致了生物个体的改变，而生物个体又要和周围环境相互作用；环境选择了那些最有可能帮助个体存活的变化。因此有益的变化得以保留并进一步改善，这也就解释了为什么我们周围的生物都能够如此出色地适应它们所处的环境。它们，还有我们，书写了成功者的故事——至少目前看来是这样的：曾经在这个世界上存在过的所有物种中的 99% 都已经灭绝了！

随机和选择是任何造物行为的基础。[1] 随机带来的是新鲜事物——前所未有，不可预测；而选择只保留那些合乎时宜的新鲜玩意儿。随机和选择协同作用的结果就是对生存环境的适应，这种适应性是如此惊人，以至于怎么看都像是精心策划的。而事实是，尽管进化驱使着生物的复杂程度不断上升，但这却不是也不可能是它处心积虑的预谋。进化就这么自然而然地发生了。

新的世界观的进化

眼熟的化石

化石通常和我们今天看到的生物相似。新的物种不会凭空产生；它和旧的物种之间有许多渊源，历经了许多改进和转变。

古老的地球

詹姆斯·哈顿（James Hutton，1726—1797）是地理学的先驱。他的学说认为，地球的历史远比基督教的典籍里宣称的 6 000 年古老得多。而且地球仍然在不断地受到缓慢却非灾难性的侵蚀，也不断地有新的沉积；还时常发生地震和火山爆发。这些变化我们至今仍然有目共睹。[2]

生物进化由简渐繁

让－巴蒂斯特·拉马克（Jean-Baptise，1744—1829）的理论认为，生物都有一种内源性的动力使它们渐趋复杂，这种趋势在人类中达到顶峰。

选择性的培育

动物和植物育种专家们已经向我们证实，生物形态并非是稳定、一成不变的。如果精心挑选、择种而育，获得新的品种并非难事。

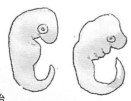

相似的胚胎

鱼、两栖类、爬行类、鸟类和哺乳类的早期胚胎（如第 174 页所示）着实是难以区分，这提示着这些动物都遵循相似的胚胎发育模式，起源于共同的祖先。

178

相似的躯体结构

现存的物种都有相似的躯体结构。如果某种生物具有某种原始的身体部位，比如某个昆虫身上细小无用的翅膀，说明这部位曾经在它的祖先身上发挥过更大的用途。

地理隔离的生物仍具相似性

生活在不同的大陆上的同种生物具有某些相关联的属性，说明很久以前这个物种发生了迁徙以后走上了截然不同的进化的道路。

为生存而挣扎

托马斯·马尔萨斯（Thomas Malthus，1766—1834）提出，我们人类繁衍的速度超过了食物来源的承受度，有限的资源也使得生物必须为生存而做出适应和改变。

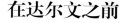

在达尔文之前

在人类历史的大部分时间里，人们认为地球是上帝（或众神）创造的；它静止不变，只是偶有全球性的大灾难，比如圣经里讲述的大洪水。也难怪，生物的复杂性、适应性和它们给人的美感很自然地意味着它们是神的杰作。在许多个世纪里，占主流的、由亚里士多德率先阐述的世界观认为，世间万物在等级森严的自然界里各有各的固定位置——从最高等者，如天上的神灵向下排列直至最简单、最低等的生物。化石则被看作是早先由上帝创造后来又被他灭绝的生物的遗骸，它们彼此之间或是它们与现代生物之间并无瓜葛。

19世纪初期人类社会发生了许多翻天覆地的变化：资本主义、尘世主义、怀疑主义以及科学兴起了，工业革命发生了。原来那种绝对的、以地球为中心的宇宙观在日渐增多的证据面前渐失人心，我们的行星只不过是无尽的未知宇宙中微不足道的一个小角色。科学家们开始怀疑超自然力量主宰着自然事件这一约定俗成的观点的正确性。

很快，一系列新发现和新思想接踵而至，对陈旧的不变论和神控论发起了挑战。

达尔文思想

许多有才华的科学家都注意到了上述发展趋势，但是在查尔斯·达尔文（1809—1882）之前无人把它综合成连贯的理论体系。[3]达尔文的思想可以概述如下：

- 所有的生物都有共同的起源，新的物种从业已存在的物种分支发展而来。
- 一个种群中的个体之间存在着随机的差异，变异会持续地、以不确定的方式发生。
- 生物必须在持续变化的环境中竞争以求生存的压力，导致有益的性状被选择性地保留下来。那些有助于适应环境的性状得以幸存并传至下一代，反之则消亡。
- 尽管每个因适应环境而发生的变化都很小，然而日久天长，择优原则的累积效应使得生物个体的差异日益明显，最终产生新物种。

综上所述，这就是生物的进化。

支持自然选择的进一步证据

达尔文理论的进一步强化

　　事实证明达尔文的进化论是人类思想史上最辉煌的跃进之一。虽然达尔文采集了丰富的实证来支持他的理论，但是直到 20 世纪科学家们才揭开进化背后隐藏的机制。我们将此过程中里程碑式的发现综述如下。

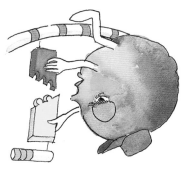

化学机制

对 DNA 中的核苷酸序列以及蛋白质中氨基酸序列的研究表明，生物体发生变异的潜力远比它们表面上看起来的要大得多。科学家们进一步的探索揭示了基因是如何发生变化、如何更换位置以及如何被复制并从一个生物体转移到另一个生物体的。分子水平的研究告诉我们，尽管生物多种多样，但是所有的物种都包含着显著的同一性——这是对达尔文的所有物种源自同一祖先这一理论的强有力支持（见第 122 页）。

基因遗传学

尽管达尔文确信自然选择造成了生物的多样性，但是他并不明白物种到底是怎样发生改变的。随着基因遗传学——研究遗传的本质、来自两性的染色体的重组以及基因突变的学科——知识的不断积累，进化的物质基础也逐渐清晰明了起来（见第 78 页）。

见证自然选择

近来研究者对一个孤立的小岛上的雀类的观察结果显示：进化可以快速发生。起初在一个大的鸟群里，鸟儿们的喙大小不一。当气候剧变时，作为鸟类食物来源的种子的类型受其影响也发生改变。仅在一代之后，那些拥有能够适应这种变化的喙的鸟儿们繁殖产生的后代数量就超越了它们同辈其他鸟儿们的后代数量。科学家们还在蛾、果蝇和细菌的种群中观察到了类似的进化现象（见第 216 页）。

化学相关性

科学家们可以通过比较解剖结构和研究化石来推测不同物种之间的亲缘关系。比较不同物种之间的蛋白质的氨基酸序列和 DNA 的核苷酸序列能够认证上述方法的准确性。序列越是一致，两物种的亲缘度就越高（见第 218 页）。

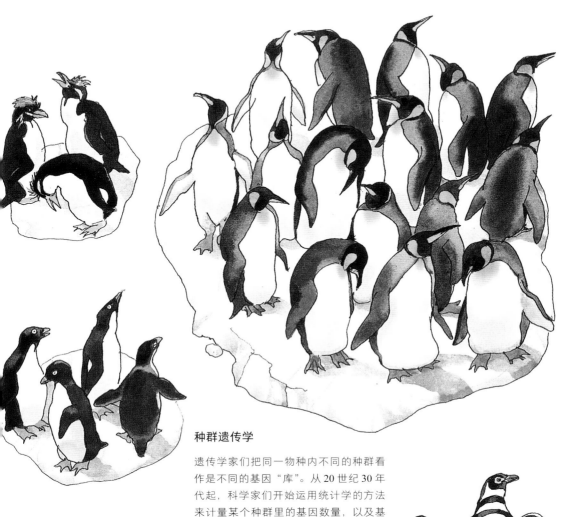

种群遗传学

遗传学家们把同一物种内不同的种群看作是不同的基因"库"。从 20 世纪 30 年代起，科学家们开始运用统计学的方法来计量某个种群里的基因数量，以及基因在时代交替的过程中是如何发生改变的。他们发现各个物种在它们的基因库里都保存着数目巨大的多样性，赋予了自身强大的适应能力。

地理隔离[4]

生物学家们观察到，如果一个小的基因库从大的基因库中分离出来，例如一小群同一种类的鸟迁徙到一个岛上，这个小基因库里的基因随着世代延续而发生改变的速度相对较快，它们终将演变成一个新的物种。（见第 210 页）。

生命的起源

化学汤里的链条

在生命出现之前，地球上核苷酸的量颇为丰富。其中一些核苷酸连接成 RNA 链，这种 RNA 链既可以当模板（复制的样本），又可以当酶（复制反应的催化剂）。

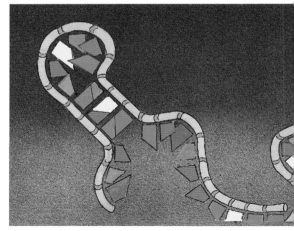

当模板遇上酶

RNA 链因核苷酸的序列不同而形态各异。偶尔会有两条相似的链不期而遇了，其中一条链便以另一条链为模板，自己则充当酶的角色。

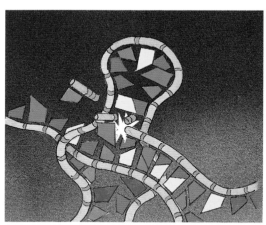

复制生产线

酶顺着模板把核苷酸串接起来，产生的是一条与模板互补的新链（其实也和它自己互补）。接下来酶对这个复制品又进行复制，得到的产品和最开始的那条链一样，也等于是酶自身的复制品。只要假以时日，酶就能获得上百万个的复制品。

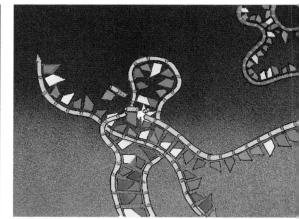

由错误产生的多样性

在复制过程中，这个"复制子"不可避免地会发生错配，这些错误后来被原样照抄到新 RNA 链上，使得 RNA 链变得多种多样。其中一些变异链相对于原来的链来说是一种改进，另一些则不然。那些能够更有效地争夺核苷酸、更快速地进行复制的 RNA 链占领了主导地位，从此高效复制便成为生命信息的传播与交换的关键环节。

自我复制的链[5]

宽泛地说，进化不仅是生命也是整个宇宙的自我治理过程。物质组成基本粒子，粒子形成恒星和行星，这些都是地球上生命形成的前奏。生命起源于由这些前期事件所创造的环境里。当然，没有细胞也就根本谈不上有什么化石来供我们研究，但是我们还是可以对生命的起源进行合理推测。

我们的故事发生在 40 多亿年前，那时年幼的地球表面还是热气腾腾，浊流翻滚的。故事发生的地点是一些类似我们今天所说的温泉的地方。生活在温泉里的古细菌是十分古老的生物，它们在接近沸腾的水中依然生命力旺盛。在生命出现之前，在类似温泉的这些地方核苷酸和氨基酸的含量很可能十分丰富。要生成这些 RNA、DNA 和蛋白质的基本组成成分出人意料地容易，因此它们不仅完全可能就在这地球上自发生成，而且在宇宙尘埃以及长期以来不时掉落到地球上的陨石中都发现了它们的踪迹。

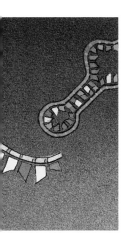

现在我们在火山熔岩和海底火山的热气喷发口附近都可以找到磷酸盐组成的长链分子，又叫多聚磷。这很有可能是早期核苷酸分子中三磷酸基团的来源，这种磷酸基团中的高能量使得众多的核苷酸分子相互连接起来形成长链。最初的一批核苷酸链（很可能是 RNA 链）形成了之后，其中的某些链获得了一种了不起的本领——自我复制。此时它们还远不能被称为生命，它们只是在这"生物史前"的化学汤里漫游，无目的地自我复制。

一个能够进行自我复制的分子起码应该具备两种特性：（1）能够充当模板——由若干基本组成单位（核苷酸）排列形成一定的序列，同属性的、互补的组成单位可以顺着它有序地延伸；（2）它还必须具有酶的功能，能够拉拢周围环境中的游离核苷酸并依托着模板把它们串接起来。现在我们知道了 RNA，而且只有 RNA 才具备这两种能力。因此最早的复制系统可能是一些相似的 RNA 链的混合体，它们可以使自己绵延不绝，旷世永存。

这样一个初级的自我复制系统怎么就进化成有生命的、能够把氨基酸串成蛋白质并最终用膜把自己包起来的细胞呢？简而言之，就是靠犯错误。复制过程中偶尔发生的、难以避免的错误（就像大自然写了错别字）产生了多种多样的 RNA 分子，它们中的一些复制能力比另一些强；复制能力强的获得了先机，因为它们和氨基酸搭上了关系，并且开始驾驭氨基酸，最终产生了诸如更有效的蛋白质酶、转运 RNA、核糖体之类的细胞组分。

生命的简史

进化的时间轴

45 亿年前　　　　　　　　　　　　　　　　40 亿年前

信息的积累——从原始汤到大脑

在地球上有生命存在以来的 40 多亿年的绝大部分时间里，生活在水里的、微小的单细胞和多细胞生物都在为以后各种更大型的、更引人注目的生物的登台演出而忙碌地布景，后者仅仅是在最近的 5 亿年才开始参与到这台好戏之中的。树木、恐龙、蛙类、鸟类、哺乳类以及林林总总的其他各种生物的兴起，都要归功于那些肉眼看不见的小角色们对"发育"这幕场景的精心打造。

压缩的气体云

引力不断地压缩灼热的气体云，产生了我们的星球。

地球冷却

地球最表层的地壳逐渐冷却下来，热和气体从地缝以及火山逸出。

蛋白质

RNA 分子进化出一套与氨基酸序列相对应的编码，开始合成初始的蛋白质。

细胞分裂

在内容物不断增多的压力之下，一个腔室不得不分成两个。

DNA

DNA 继任成为遗传信息的载体，RNA 则成为氨基酸和 DNA 之间的功能链接。

酵解

酶催化酵解糖产生数量有限的 ATP，给细胞的各项功能活动提供能量。

光合作用

一些微生物"学会"了把太阳能转化成糖，从那以后这取之不尽的太阳光就成为它们生产食物时唾手可得的能量来源。

这条进化的时间轴上的颜色与下面进化路径的颜色相对应。

30 亿年前

水和土的沉积

雨水和蒸汽形成了海洋和湖泊，蒸发作用创造了物质丰富的、液态的生命孕育地。

大气

氢气、氮气、二氧化碳，很可能还有氨气和甲烷漂浮于大气层，也溶解于水中。

分室而居

脂肪分子自发地形成泡状物，或者说腔室，有时 RNA 链被包裹进去。

自我复制

核苷酸形成了 RNA 链。一条链可以复制另一条链。

简单的生命小分子

氨基酸和核苷酸可能来自宇宙中的尘埃，也有可能就在地球上、在闪电和紫外线的帮助之下形成的。

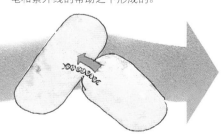

有氧呼吸

有几个微生物"学会"了利用光合作用产生的废物——氧气，制造出大量的 ATP。

移动

细胞生发出一些细毛状的纤毛和鞭子似的鞭毛，它们便获得了四处游走觅食的能力。

原始的两性关系

一个细胞把自己的一些 DNA 注入另一个细胞内，重新组合后的基因得以繁衍。

生命的简史

进化的时间轴

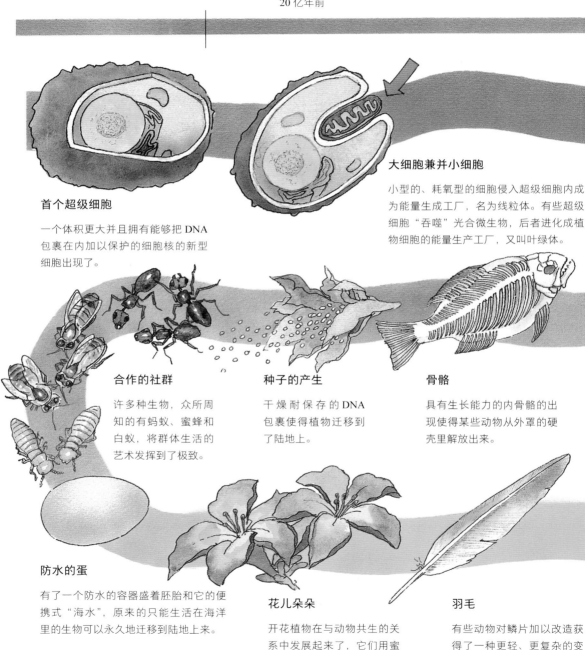

20亿年前

大细胞兼并小细胞

小型的、耗氧型的细胞侵入超级细胞内成为能量生成工厂，名为线粒体。有些超级细胞"吞噬"光合微生物，后者进化成植物细胞的能量生产工厂，又叫叶绿体。

首个超级细胞

一个体积更大并且拥有能够把DNA包裹在内加以保护的细胞核的新型细胞出现了。

合作的社群

许多种生物，众所周知的有蚂蚁、蜜蜂和白蚁，将群体生活的艺术发挥到了极致。

种子的产生

干燥耐保存的DNA包裹使得植物迁移到了陆地上。

骨骼

具有生长能力的内骨骼的出现使得某些动物从外罩的硬壳里解放出来。

防水的蛋

有了一个防水的容器盛着胚胎和它的便携式"海水"，原来的只能生活在海洋里的生物可以永久地迁移到陆地上来。

花儿朵朵

开花植物在与动物共生的关系中发展起来了，它们用蜜露交换来的是花粉的传播。

羽毛

有些动物对鳞片加以改造获得了一种更轻、更复杂的变体，它们最终得到的馈赠是飞翔的本领。

186

10 亿年前

恐龙
（2 亿—6000 万年前）

人类

多细胞形态

细胞们开始粘连在一起共求生存。

两性分化明显

多细胞生物体产生了分化特异的生殖细胞，它们可以进行交合，共享遗传信息。

躯体结构——动物

动物先进化出辐射对称，然后是左右对称的躯体（后一种对运动尤其有利）。分节的躯干对于身体各个组成部分之间的分工合作十分有好处。

躯体结构——植物

动物和植物进化出各种功能来剥削利用它们的周围环境，使其自身不断发展壮大。植物总是倾向于分出管状枝条，并呈辐射对称。

中枢神经系统

动物和植物细胞发展出细胞内部电化学信号传导方式。动物的神经细胞最终演变成感觉器官和脑组织。

恒温体质

有些动物进化后身体的基础代谢率升高，同时也获得了某种隔热层或是散热装备，以及内源性的体温调控机制。

新事物大爆发

除了防水的蛋和羽毛，有些温血动物还进化出双倍视野、与其余四指相对的大拇指、直立的体位和增大的脑容量。

187

量变引起质变

老鼠大如象[6]

积少成多

进化是一个缓慢的、精雕细琢的过程。复杂的生物都有更原始、简单的祖先。随着时间的推移，细小的改进积少成多，最终导致了显著的变化。我们可以用设计汽车来做一个有效的类比。比如，最原始的汽车头灯是那种昏暗的、可拆卸的油灯；如今的款式都是雪亮的、电池驱动的、固定的泛光灯。在自然界，类似的变化是逐步发生的，漫长的过程中有时也发生一些跳跃式的前进，类似汽车生产商把车灯从车身两侧挪到车前面的保险杠上；与此同时曾经时髦的无篷座位和车两侧的踏脚板过时了，消失了。顾客的喜好是选择的根本动力。

汽车和生物还有一个共同的特点就是：凡是重大的改变都涉及数个独立的、互不相干的过程并把它们的成果拼凑在一起的举动。要生产现代车灯，必须先要有电池、发动机、塑料"玻璃"等发明；就像眼睛的形成要以光感细胞、视觉神经、透明的晶状体和角膜为基础一样。

拿设计汽车和"设计"生物作类比的时候必须牢记：进化既无预谋也无方向。随机的变异，选择的累积效应（也就是说新事物是建立在以前的新事物之上的）以及漫长的岁月才是进化发生的原因。

生命在地球上已经存在了将近40亿年了，这样一段长得令人瞠目结舌的时间在进化过程中发挥了什么作用，确实是常人理解范围之外的事情。这里有一些事例或许可以帮助读者理解它。

设想有一群小鼠，由于某种原因它们的体重每代都增加0.1%。经过12 000代之后，它们将会长得和大象一样大。假如我们认定5年为一代（这是介于小鼠和大象实际的世代交替的年数之间的一个数值），那么小鼠需要花60 000年的时间来增加100 000倍。在进化的时间尺度上来说，这不过是很短的一段时间：如果把生命将近40亿年的存在史折合成人的一生平均80年的时间，那么60 000年仅相当于人生中的5个小时而已。

车灯演变史

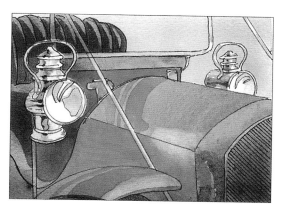

可拆卸的灯笼悬挂在司机座位的两侧。

为了更好地照亮司机前方的道路，灯笼被挪到更低更靠前的位置。

电灯由汽车电池来驱动。

车灯置于挡泥板之上。

车灯被嵌入挡泥板内。

车灯已经融入了车头。

用进化的方式谱写诗歌

猴子和文字处理程序

　　一屋子的猴子随便乱戳键盘也可能写出莎士比亚的十四行诗来？这个问题曾经被用来挑战"生命在随机事件中产生"这一理论。100 只猴子即使花上 100 万年的时间在键盘上胡敲乱打，碰巧就打出一件艺术作品的可能性还是小得几乎不存在。但是如果我们让这一事件遵循进化的游戏规则，我们就会发现大自然是如何提高成功的概率的——其实应该说如何使得成功成为必然。首先我们规定猴子们敲打出来的不必是莎士比亚的原诗，只要是能与其媲美的十四行诗就行。那也就是说我们对结果并没有特定的规划，只有一些泛泛的要求。我们交给猴子们使用的文字处理软件只保留合格的输入结果，其他的都统统摒弃。这条规则相当于进化的选择规则。我们还要把猴子们的工作安排在复杂度不断增加的若干阶段来完成，这是进化的另一个特点。把漫无目的的键盘输入和累积式"捕捉"成功的果实相结合，猴子们就能谱写动人的诗篇！[7]

累积式的选择

1. 第一分队：组词

每当猴子们输入的一串字母被计算机认定为有效的单词的时候，计算机都会把这个单词保存下来。

2. 第二分队：造句

第一分队的猴子们输入的单词被编码，并输入第二分队的猴子们使用的计算机。当第二分队的猴子敲击键盘的时候，单词被随机地串联起来。计算机只保存那些有主语和宾语的单词串，也就是句子。"玫瑰花是红色的"这样的句子是可以接受的，而"玫瑰花沙拉苍白的"就不行。

有意思！

3. 第三分队：写十四行诗

第二分队的猴子们输入的句子被编码并输入第三分队的猴子们使用的计算机。第三分队的猴子们把句子随意排列。只有符合十四行诗格式的句式才被保存下来。

4. 第四分队：发表十四行诗

第四分队的猴子们把第三分队的猴子们的十四行诗随意地分组收集起来，并打印装订成册。多数的十四行诗都令人不知所云，只有少数几首还算通顺。如果诗的数量足够多，说不定其中极小一部分还会很优美呢！

诗歌货架

5. 诗集展示给大众

只有卖出去的诗集才会重印。因此，很差的诗集就被"淘汰"了，最好的才流传下去。假以时日，一本优秀的十四行诗集就会脱颖而出。

191

小优势也值得发扬光大

机会主义的杰作

正当我们赞叹着天空中飞翔的鸟儿时，有人告诉我们它们的祖先是生活在陆地上的某种蜥蜴，这恐怕还是让人难以接受吧。然而就像我们那些写十四行诗的猴子所证明的那样，偶然发生的小变化也可以被保存下来，甚至趁着后代们不断获得其他新性状的机会得到发扬光大。只要有足够的时间，它们就可能带来前所未有的新鲜事物。

下一页的图中描绘了鸟类起源时可能的情景。在任何一个种群里，如果某个个体生来就具有某种优势，那么它长大以后就很有可能产生具有同样的优势的下一代。进化的原则就是这样，哪怕是微乎其微的优势也能够在种群中站住脚跟，并且传播开来，经过世代交替最终成为占主导地位的性状。[8]

有些蜥蜴逐渐向暖血动物进化，它们的鳞进化成了可以保暖的羽毛。

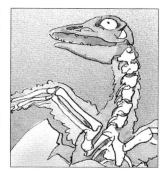

设想有一只小蜥蜴生来骨头就比别的姊妹们轻，它是由骨细胞随机变异而产生的"变态"。

如果它们的巢受到捕食者的袭击，这变异了的小家伙的轻骨头和羽毛似的鳞片显示出了优势，帮助它
逃出了死神的大嘴。这两项优势会被传递给它的下一代。

多重变化

鳞片变羽毛 ▶

鳞片上产生裂隙，其间填充着空气，这样有利于保暖。日久天长，鳞片变得越来越轻，越来越长，离起飞不远了。

骨头更轻了 ▶

骨头变细变空，使得全身的重量减轻。

前腿变翅膀 ▶

指骨融合、延长；前臂变长的同时上臂变短——翅膀诞生了。

从爬行类到鸟类

光有轻骨头和羽毛还远远不能使爬行类进化成鸟类。爬行类还必须要进化出内源性的导航系统，才能对天文现象和地磁场做出反应。为了发现地面上的食物，它的视觉也必须更加敏锐。在空中飞翔需要更多、更持续的能量供给，这就要求它身体的保温能力大幅提高。它那原本爬行类的前肢进化成了翅膀，从空气动力学的角度来说这样更有利于飞翔。它的胸骨变成了能够给翅膀上的肌肉提供杠杆支点的龙骨。

上述这些修饰作用都是独立发生的，每前进一小步都会带来一些优势（至少不会有什么坏处），世代繁衍的过程中它们彼此之间也会相互加强修饰，共同为原始鸟类的长远发展做贡献。

颌变喙 ▶

牙齿都脱落了，骨性结构让位给空管式的组织并且伸长成喙，可以完成抓物、梳毛以及探物等动作。

拇指后转 ▶

四个脚趾中的第一个向后转，起初是当作武器，后来在栖息和抓物时发挥作用。

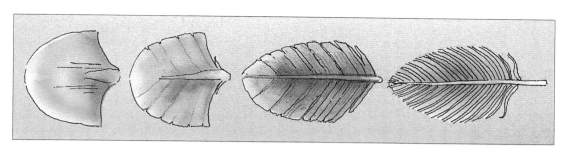

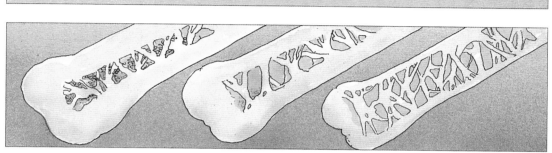

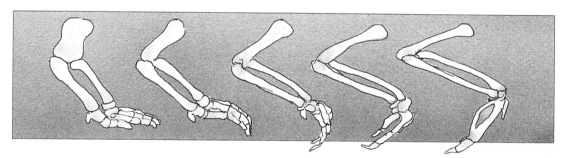

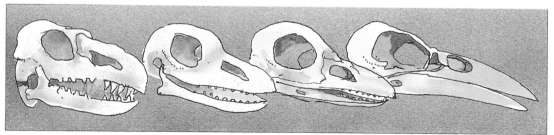

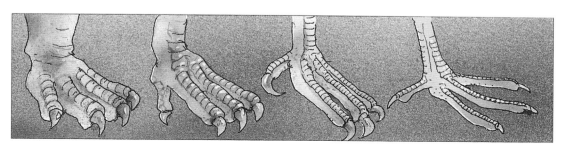

变异和选择

牛羚群

　　每年大群的牛羚在非洲的塞伦盖提草原上开始大约 1 000 千米的迁徙。途中有的牛羚被天敌捕食，有的过河时溺毙，有的死于外伤和疾病。这其中有一部分的死亡可以归咎于霉运，但是总的来说身强体壮、奔跑迅速、警觉机敏的牛羚能够扛得过这样的长途奔袭，天赋差一些的就倒毙在途中了。

基因库

　　现在让我们转移注意力，不再把牛羚群看作是动物的种群，而是巨大的信息库。信息储存在一套一套的基因里，又称基因组——每一个动物体内都有一个基因组。这些动物的基因组都很相似，毕竟每个基因组编码的都是一头"牛羚"，然而每一个基因组又是独一无二的。如果没有个体基因组之间的差异，那也就不会有进化。正是基因组携带的信息给牛羚提供了它们各自的生存手段，即每头牛羚长途跋涉的能力。途中有些基因组被摧毁了，只有最"好"的基因组才能走完全程。因此这些基因的消亡并不是毫无由来的，总的说来它们都是对牛羚的生存没有什么帮助的基因。个体死亡了，但是群体却因基因库里基因的平均水平的提高而获益。[9]

成套的信息

每头牛羚体内的每个细胞里都储存着两套基因（如图中用简化的两条 DNA 双螺旋链来表示）——一套来自父方，另一套来自母方。一套遗传信息和另一套信息总是略有差别，图中不同的颜色显示的就是这种差别。

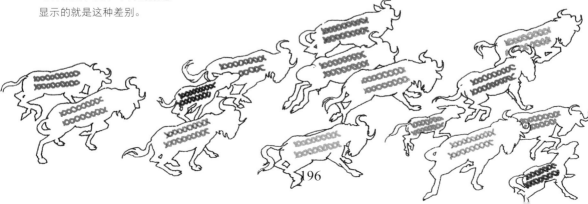

死亡之路

有的被吃掉

有的淹死了

有的病死了

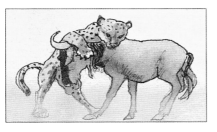

消失了的信息

捕食、溺水以及疾病把一些遗传信息从基因库里消除了。

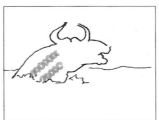

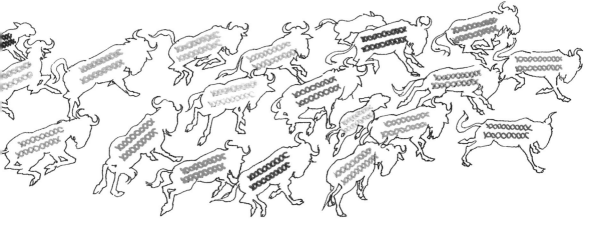

变异和选择

基因的强强联手

在迁徙的途中，牛羚还要交配。母牛羚从众多的追求者中挑出最让她满意的那个，他强壮威猛，力挫群雄，这是兽群里基因筛选的终极关卡。所谓交配不过是一套基因和另一套基因的混合而已。

其实在交配以前，在雌性动物的卵巢和雄性动物的睾丸里，来自它们的父方和母方的两套染色体已经充分混合过了，并且随机分配到卵子和精子细胞里（见第200页）。交配之后，受精卵发育成小牛犊。小牛犊的每个细胞里都有一个新的基因组，其中很可能蕴藏着丰富的、与生存和繁殖技巧相关的信息。所有这些"更好"的基因已经重组完毕，随时准备着发挥潜能产生新的性状。进化就是通过这种方法来保证那些原本只出现在某些个体身上的优良品质能够在子孙后代中广泛分布。

亲代中的一方贡献给子代的基因占子代基因的一半。尽管亲代自己的各个基因都已经"路试"过了，但是经过各种独特的重组后传到子代的基因还尚未得到检验。

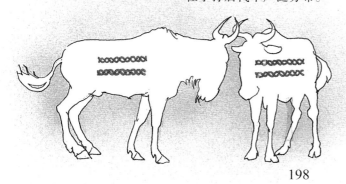

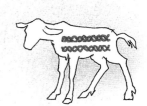

雌性和雄性——两种策略

一个新生命的产生需要雌雄双方各贡献一半的基因。但是为最终完成这样的使命，雌性一方付出的努力远超雄性。除一套基因以外，精子并无其他贡献。而卵子提供的不仅仅是基因，还有营养供给、能量产生装置，它还有能力生产开启新生命的活动所需的蛋白质。

事情还不止于此，在许多物种里，雌性的身体还是胚胎发育的场所；雌性的哺乳动物在胎儿离开自己的身体之后还继续担负着哺育新生儿的重任。由于雌性在生育方面的投入更大，择偶时她自然会比较苛刻。反之雄性的投入更少，那他也就不那么挑剔了，而且也更主动。因此从生物学的角度来说雌雄两性行为模式是：雄性求偶，以勇取胜；雌性择偶，要靠慧眼。

两性行为

基因混合的机理

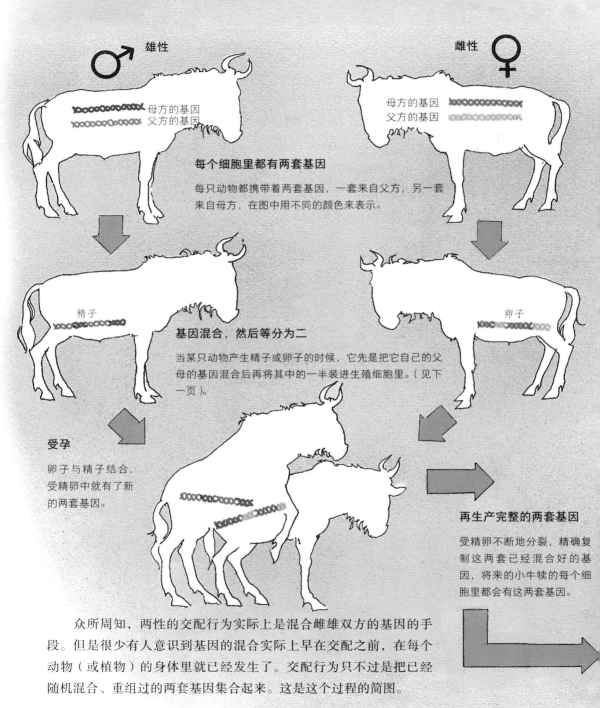

雄性

母方的基因
父方的基因

雌性

母方的基因
父方的基因

每个细胞里都有两套基因

每只动物都携带着两套基因，一套来自父方，另一套来自母方，在图中用不同的颜色来表示。

精子

卵子

基因混合，然后等分为二

当某只动物产生精子或卵子的时候，它先是把它自己的父母的基因混合后再将其中的一半装进生殖细胞里。（见下一页）。

受孕

卵子与精子结合，受精卵中就有了新的两套基因。

再生产完整的两套基因

受精卵不断地分裂，精确复制这两套已经混合好的基因，将来的小牛犊的每个细胞里都会有这两套基因。

众所周知，两性的交配行为实际上是混合雌雄双方的基因的手段。但是很少有人意识到基因的混合实际上早在交配之前，在每个动物（或植物）的身体里就已经发生了。交配行为只不过是把已经随机混合、重组过的两套基因集合起来。这是这个过程的简图。

200

为什么要有性繁殖?

有性繁殖产生新的基因组合

既然你身体里的每一个细胞都携带着产生你自身的复制品所需要的全部信息，那么从理论上来说你的任何一个细胞都有可能发育成一个和你一模一样的人。许多植物都可以发出侧枝并从主干上脱落下来，长成一株新植物；从植物的任何一部分取出的一个细胞也可以发育成一棵新的、完整的植物。在实验室里，动物细胞也可以经诱导而做出类似的事情。比如，青蛙的一个皮肤细胞被插入到一个已经失去自身的所有 DNA 的青蛙卵细胞中，最终的结果是诞生了一只新的青蛙。由此可见，皮肤细胞的 DNA 的确包含了生成一只完整的青蛙所需的全部信息。还有，有些多细胞生物采用简单的办法，直接从它们的身体"发芽"生成和自己一模一样的后代。

既然如此，为什么大多数的生物还是采用了卵子受精的模式来繁衍后代呢？为什么我们要有性繁殖？人群中一半的成员产生精子，另一半产生卵子：这就意味着只有一半的成员才能真正孕育后代。这是不是太浪费了？为什么我们不以"出芽"的方式来生孩子呢？这样不是更简明有效吗？我们的繁殖速度不就很快超过采用有性繁殖的物种吗？

任何生物，如果它产生的后代完全是自己的复制品，不管是单细胞生物的简单分裂繁殖还是多细胞生物的出芽式的繁殖模式，都不能尽快尽好地适应生存环境。它们基因库里的基因发生改变的唯一可能途径就是突变。由于受到这种限制，这些物种的进化速度相对缓慢。在采用有性繁殖的生物的细胞内，每个基因都有两份复制品，它有一个备份！（这个备份可以因基因突变而发生改变，传至后代说不定会很有用呢。）

很显然，遗传信息的混合以及由此产生的、已被"验证"过的基因的各种新型组合方式具有重大的进化意义。有的基因组合注定要成为赢家，并引导产生了新的方式以适应变化的环境。例如，如果宿主的基因不断混合、重组，那么寄生虫就不能轻而易举地侵入宿主而造成损伤。有性繁殖的意义在于采双亲之长产生性状更胜一筹的下一代。

生产卵子和精子

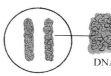

染色体就是由含有几千个基因的 DNA 细丝绕成的线轴。

DNA

分别位于卵巢和睾丸里的特殊的细胞，染色体数量加倍。

成对地相拥

互换片段

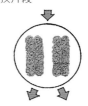

分配至两个细胞

再分配到四个卵子或精子细胞中

每个生殖细胞里来自父方和母方的基因进行了各不相同方式的组合。

突变

随机事件是如何带来新事物的

突变是组成 DNA 的核苷酸随机发生的变异。细胞分裂时，DNA 的复制错误偶尔难免发生，就像是书写错误一样。不断延伸的 DNA 链中插入了一个不匹配的核苷酸，从此以后由这条链复制产生的 DNA 链都将这一错误原样照搬。

DNA 链上的错误也都自动反映到信使 RNA 上；这样的信使 RNA 编码的蛋白质也因此含有一个异常的氨基酸。这种变化可能使蛋白质功能受损，也可能没什么影响，另一种更少见的情况是恰好改善蛋白质功能。

由于几百万年的进化已经使得物种趋于完美，因此大多数的突变并不能使生物个体的生存能力得到进一步提高——诗已做成，随手替换一个字母怎能令其更完美呢？然而，日久天长也总会出现个把突变给个体带来优势，并遗传到下一代。这种罕见的蛋白质功能的改进却是大多数进化中出现的新事物的源泉。偶然的机遇竟然带来了全新的气象。

基因的笔误

突变是能够改变基因携带的遗传信息的错误——就像一个笔误可能让一句话完全偏离原意。

亡羊补牢，为时未晚
亡羊补牢，为时已晚

谁笑到最后，谁笑得最好
谁笑得最少，谁笑得最好

复制错误

我们已经知道了，DNA 复制的准确度很高（见第 94 页）。

偶尔也会出现核苷酸错配

DNA 受损

辐射（紫外线、X 射线，等等）或毒性化学物质偶尔也会损伤核苷酸。

受损的核苷酸变得很难"读懂"。

复制时就有了核苷酸错配的可能性。

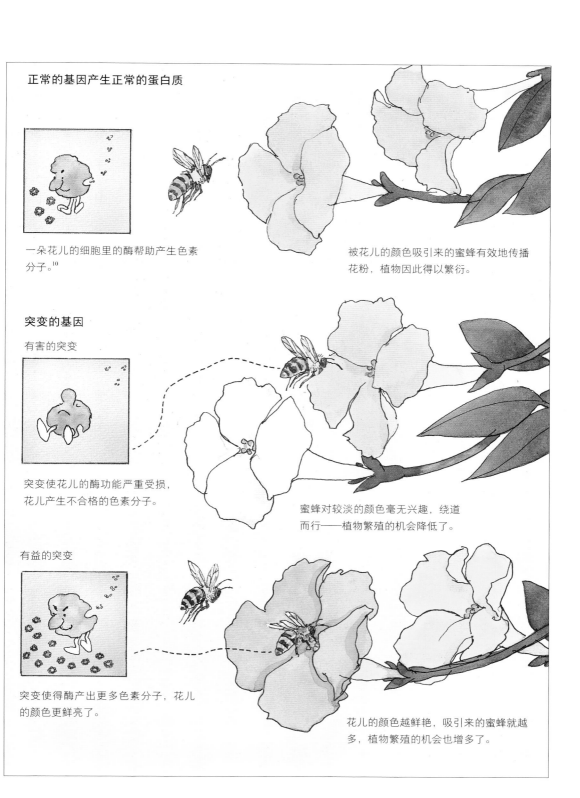

正常的基因产生正常的蛋白质

一朵花儿的细胞里的酶帮助产生色素分子。[10]

被花儿的颜色吸引来的蜜蜂有效地传播花粉，植物因此得以繁衍。

突变的基因

有害的突变

突变使花儿的酶功能严重受损，花儿产生不合格的色素分子。

蜜蜂对较淡的颜色毫无兴趣，绕道而行——植物繁殖的机会降低了。

有益的突变

突变使得酶产出更多色素分子，花儿的颜色更鲜亮了。

花儿的颜色越鲜艳，吸引来的蜜蜂就越多，植物繁殖的机会也增多了。

203

进化中的突破

创造新模式

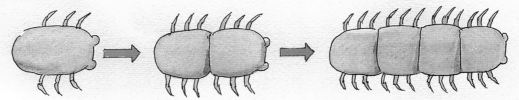

增加体节

这个假想生物的某个掌控躯体构成的基因发生了突变，不经意间产生了有两个体节的子代——有点像连体双胞胎。在不断延续的子孙后代中，这个基因还在重复着同样的错误，继续往躯体上添加体节。

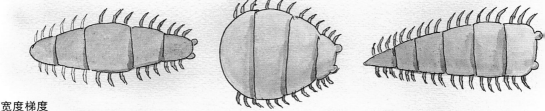

宽度梯度

另一个基因的突变使得体节的宽度发生类似梯形的改变，生物的体形也变尖或鼓凸，呈现出五花八门的各种形状。

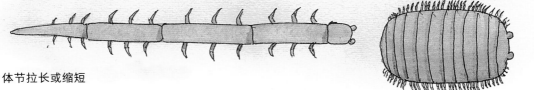

体节拉长或缩短

有一个基因突变使得体节拉长或缩短。

小突变——大跃进

有时，与躯体发育相关的基因突变促使了新的一大类躯体组成模式的产生。

　　黑猩猩有 99% 的基因和人类的相同。剩下 1% 的差别就赋予了我们直立的姿态和更少的毛发、更大的颅骨和大脑。我们几乎可以肯定某些"开关"基因的存在——在胚胎发育过程中开启或关闭其他基因的表达（见第 164 页）。举例来说，颅骨和大脑形成的时间上的稍许延迟，就可以让我们获得更大的脑容积和更强的逻辑思维能力。

　　同样的道理，让我们再来看看长颈鹿的脖子和人的脖子。我们的颈椎骨的数量和长颈鹿一样（都是七块），但是长颈鹿的一块颈椎骨约长 18 厘米，而我们的还不到 2.5 厘米。可以想象一下这样的情形，在原始长颈鹿的胚胎里，一种可遗传的、位于颈椎骨细胞内的开关基因上的某种缺陷迫使该基因阻滞在"开"的状态，于是产生

特殊分化的体节

更多的突变使得每个体节各具功能，有
的成为腿的附着部位，有的容纳消化系
统，有的承担生殖功能。使躯体分节的
突变造就了一大批躯体组成模式。

了超长的颈椎骨。

　　有些突变可以看作是导火索，调节蛋白的微小变化对它们何时
起作用、作用时间持续多长、结合能力如何以及其他方面的功能都
可能产生影响。进化史上的重大进展很可能是在一系列这样不易察
觉的变化之后发生的。

　　在此我们描绘了躯体结构的重大变化是如何从一连串的简单的
体节改变中浮现的。躯体分节这一"发明"很可能始于某个基因突
变，使得生物体由单体节变成了双体节。这一新格局在自然选择的
过程中大获成功并迅速扩散。那么可想而知，如果体节数目继续因
随机突变而增加，这样的生物也同样会很成功。

移动的信息

"跳跃的基因"

设想一下，有人时不时地从你的书里胡乱撕下一页，再随手把它插入另外一章。类似的事情也会发生在某种特殊的 DNA 修饰过程中。有些酶像剪刀似的把一小段 DNA 剪下来，另一些酶负责把它插到基因组另一个新的位点上去，和产生生殖细胞时来自父方母方的基因重组的情形类似（见第 201 页）。这种移位现象极少发生，但是一旦出现这些"跳跃的基因"就会影响它附近基因的正常功能。科学家们不清楚为什么会发生移位现象。就像被撕下来又重新插回书里的那页纸会打乱文字一样，多数的移位现象会搅扰遗传信息。但是在极其偶然的情况下，有些转座也会产生有益的新事物。

嗯……
怎么办？

大概是在这里剪一刀？

偶尔，"剪刀"酶会错误地抓住一段含有一个或一个以上基因的 DNA 片段。

剪啊剪……

把它从它一贯的位点上剪了下来。

缝啊缝……

这一段 DNA 现在自由了，它蜷曲成一个圆圈（一个"缝合"酶把它的两端缝起来）。

然后转移到染色体另一个位点上去。

细胞核

有些从原宿主基因组分裂出来的圆形 DNA 片段可以独立地复制。这就是质粒。

值得注意的是，我们的关于人类基因遗传的分子机制以及遗传疾病的知识都来自对荚豆、果蝇、酵母、细菌还有玉米的研究成果。

在纽约长岛冷泉港实验室工作的基因遗传学家芭芭拉·麦克林托克（Barbara McClintock）是研究玉米染色体上跳跃的基因的先驱。她的研究揭示了基因并非静止不变的，它会因为细胞内自然发生的事件，或是受外界损伤性因素，比如 X 射线之类的影响而发生重排。她的工作也使人们意识到存在着两类基因：一类是执行某种功能的基因（也就是编码功能性蛋白质），还有一类是掌控这些功能启动与关闭的基因（也就是编码调节蛋白质）。麦克林托克于 1983 年获得诺贝尔生理或医学奖。

质粒

有时虽然某些 DNA 片段被剪切下来，但是没有插入基因组内其他的位点，而是卷曲成圆圈，自成一个独立的被称为质粒的遗传信息单位。它们可以无限制地复制，基本上就是一个额外的微型染色体。质粒可能由几千个核苷酸组成，其中包含的遗传信息刚好能够支持它们不依赖于宿主进行自我复制。它们有可能产生对宿主有益的蛋白质。比如有些细菌里的质粒上的某个基因，编码能够捣毁抗生素的蛋白质，细菌因此获得了抗药性。另外一些质粒帮助它们的宿主产生能够杀死其他细菌的毒素。还有一些呢，它们让一个细菌把自己的 DNA 注射到别的细菌里去——这也算一种原始的性交方式吧。

病毒

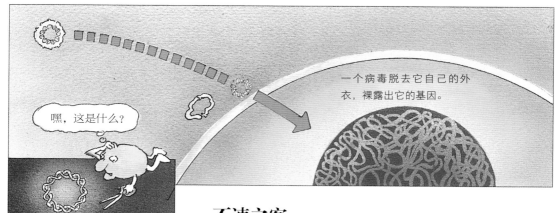

一个病毒脱去它自己的外衣，裸露出它的基因。

嘿，这是什么？

它贴近毫无防范的宿主细胞的基因组里某个位点，

好多了！

把自己插进去。

细胞分裂了若干代之后，它离开了。

细胞的 DNA   病毒的 DNA

它可能带走宿主的部分 DNA。

不速之客

在漫长的进化史上，有些具备自我复制能力的遗传信息片段变得狂放不羁起来。这些质粒发展出了利用宿主的 ATP 和核糖体给自己制造外衣的能力——它们变成了病毒。在保护性外套的掩护之下，利用自己生产的一些酶，它们成功地逃离了宿主细胞。从那以后它们开始入侵其他细胞，盗用它们的细胞器，制造出许多自身的复制品。病毒可以使细胞染疾（比如普通感冒病毒）或是损毁它们的功能（比如艾滋病是由人类免疫缺陷病毒 HIV 感染引起的）。病毒的另一种破坏方式是悄无声息地把自己的基因插入细菌的 DNA，使受感染的细胞发生微妙的遗传特性的改变。后来当病毒把自己从宿主的 DNA 上剪切下来的时候，它们"顺手牵羊"地带走部分宿主的基因。因此，当这些病毒在四处游弋感染细胞的时候，它们也在转移自己的遗传物质，还夹带着一些正常细胞的基因。

这样看来，病毒最初起源于细胞，在进化史上也一直和细胞相互作用，它们带来疾病，对细胞来说就是祸患，尽管有时候也会带来进化上的优势。因此病毒是生物界遗传物质的转载者。这些发生在细胞内和细胞外的基因的转移都说明生命的遗传信息总是在不停地被改组。突变、转座、两性基因重组等现象，以及质粒和病毒的存在，都使"差异"的海洋日益丰富，而进化就在这海洋里怡然垂钓。

通过这种方式，病毒在细胞之间传递遗传信息。

208

细菌的克星

一个病毒把自己的 DNA 注射到细菌内。

入侵的病毒的 DNA 利用细胞器产生多个复制品。

接下来又生成许多病毒蛋白质。

这些蛋白质自行组织。

组装成新的病毒。

它们摧毁了细菌之后就逃之天天。

科学家们通过对一种特殊病毒，噬菌体（字面意思就是吃细菌的生物体）的研究获得了许多关于病毒和细菌之间的相互关系的知识。噬菌体可以说是一个包裹着蛋白质外套、装满 DNA 的注射器。这群强盗外出盗窃作案，它们伸出蜘蛛似的"脚"紧紧抓住细菌的胞体，把自己的 DNA 注射入细菌内部。噬菌体 DNA 携带的信息使细菌失去了对自己的蛋白质生产系统的控制和利用，并拱手让给了噬菌体，让噬菌体去生产蛋白质。大约 20 分钟以后，细菌内部充斥着 100 个左右满载 DNA 的噬菌体。噬菌体最后的一击是向细菌发布指令合成一种酶，这种酶裂解了细菌的细胞壁。细菌就此消殒，而噬菌体扬长而去，继续感染其他细菌！

偶尔噬菌体向细菌注入 DNA 以后也没有立即产生什么效应，细菌继续生长。在这种情况下，噬菌体的 DNA 把自己直接切入细菌的基因里，然后处于休眠的状态。细菌分裂许多代之后，噬菌体 DNA 开始作祟了，它截获细菌的蛋白质生产系统用来合成新的噬菌体，细菌破裂以后它们出走继续寻找下一个猎物。有时噬菌体会顺便带走一部分细菌的 DNA 并转移到下一个被它攻击的细菌里。因此可以认为所有的细菌都被病毒联系在一起，共处在一个巨大的基因库里，其中的信息不停地被转移。

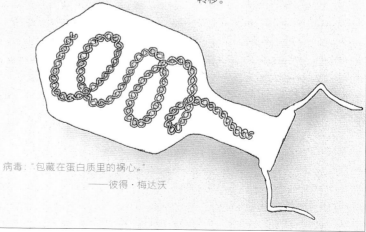

病毒："包藏在蛋白质里的祸心。"
——彼得·梅达沃

新物种是怎样产生的

需求是创新之母

在有生命的历史上，物种——所谓一个物种是指某个生物群体，其内部成员只和本群体内其他成员交配，产生和自己相似的下一代——的数量上升到几百万以上。牛羚在塞伦盖提草原上的长途跋涉，可以生动形象地描述变异和选择的基本机制是怎样帮助物种在适应环境的同时还保留着自身的基本特征的。那么这种机制又是怎样催生新物种的呢？

我们可以把地球上最早期的生命看作是主干，新的生命形态就是这上面分出的侧枝，以及侧枝上再次分出的侧枝，如此这般继续分枝下去。每一对生物体，或者说物种，都在它们的身后永远地留下了它们共同的祖先——就像树枝都是从树干上生发出来的一样。随着物种间的交配和繁殖，它们的变化或快或慢，视它们的需求、所受的限制以及环境给予它们的机会而定，它们的分枝都离主干越来越远。

要记住每个物种都有适应环境的能力，即做出改变的能力，这得仰仗它的基因库里蕴藏的潜能。基因库时常被有性繁殖、突变、转座以及我们在前面讨论过的其他种类的基因修饰方式激活。这些基因的变化导致了蛋白质功能的改变，使得生物体能够跑或游得更快，看得更清楚，更好地伪装自己，产生更有用的消化酶，等等。

当环境提供给它们新的机遇或挑战之时，就是物种开始适应和转变之日。它们原本深藏不露的技能此时自动地发挥作用，帮助它们觅食、寻偶、筑巢或是避免沦为他人的盘中餐。从这个意义上来说，环境对生物的选择作用的实际意义是，迫使它们产生发挥它们深藏在基因里的潜能来谋生的需求。

因此，一个物种可能分化成两个，各自适应两种不同的食物来源。而两个新物种甚至有可能适应同一种食物，差别是一个在白天、而另一个是在黑夜觅食；或是一个物种比另一个体格大许多（想想同时扑在斑马的尸体上大吃特吃的狮子和苍蝇吧）。

产生新物种的首要原因是地理隔绝。如果某个物种中的一部分成员从大的种群中分离出去，最后流落到一个截然不同的环境中（到了一个小岛上或是被山脉、冰川、水系隔绝），它们的后代演变的速度要快得多。由此产生的新物种如果被带回到原来的种群中，它们的基因库已经和以前大不相同，以至于它们不能再和原来的种群中的成员交配、繁殖后代。

鸟喙的功能 ▶

被孤立地分散在加拉帕戈斯群岛上的雀类，在成为食物采集专业户的过程中进化成若干新的物种。这些岛上的雀类与南美洲大陆上的雀类的相似度比它们和世界上其他任何地方的雀类的相似度都高。

在这样的动力驱使之下，生物形态和功能的多样性发展到令人叹为观止的地步，我们从中感受到生命的力量：正是细胞的分子机制，以那取之不尽、用之不竭的太阳光作为能量的源泉，同时还得利于基因水平上的随机变化以及环境对这些变化的筛选——坚定不移地把生命的多样性和复杂度向愈来愈高的水平推进。[11]

快速的自然选择 [12]

在最近的 20 年的时间里，科学家们给加拉帕戈斯群岛上大约两万只雀类套上标记环并进行跟踪观察。他们发现在雀群里有的雀拥有较大的喙，那是用来敲开坚硬带刺的种子的利器；有些雀鸟的喙较小，吃小的种子时更方便。经过一段严重的干旱气候之后，种子带刺的植物占大多数。不出所料，拥有大喙的雀鸟们食物来源更丰富，它们的后代营养也更充足，数量当然也占优势。后来当湿润的气候持续了很久之后，小种子的植物生长繁茂，小喙的雀鸟又重新占了上风。

这些变化都遵循达尔文的进化论，只不过是进化的速度惊人。不难想象如果一个雀类种群由于某种原因各奔前程——一群居住在"干"岛上，另一群占领"湿"岛。我们可以预测几代之后分布在这两个岛上的雀鸟会进化成"大喙"和"小喙"两个不同的物种。事实上这和达尔文在加拉帕戈斯群岛上观察到的雀鸟的分布情况十分相似（见下图）。

吃种子的雀种用它厚实有力的喙把壳敲裂。

吃虫子的雀种在树皮里探寻昆虫。

吃球果的雀种用喙将覆盖在球果外面的鳞片撕扯开，然后用舌头把种子挑起来。

杂食性的雀种在地上寻找昆虫和蜘蛛，它也吃果实和种子。

共同进化

军备竞赛与共生

　　生物不会刻意地进化。但是生物种群还是不可避免地要发生改变，这是因为它们不得不适应变化着的生存环境。而环境中最重要的组成部分之一就是共处其间的其他生物。[13]

　　一种生物发生变化，必将迫使与其关系密切的其他生物也做出相应的调整。如果羚羊跑得更快了，那么豹子也得加快速度或者提高自己的智商。如果草变得更粗硬，那么马就必须进化出更强有力的牙齿。人类使用了抗生素，那么细菌就会发展出针对这些药物的耐药性。上述这些关系我们可以粗略地把它们比喻成，发生在进化的时间尺度上的"军备竞赛"。由于每个新进展产生的同时也将催生反进展，因此最终双方难分高下。然而这样的过程却给双方都带来了新的性状，这就造成了这样的怪圈：所有的生物都在变，到头来却发现它们彼此之间的关系依然如故，丝毫不受影响。

消化难以消化的东西

不论是奶牛还是白蚁都不能独自消化纤维素——由许多糖分子连接起来的十分坚固的长链，草和树木的主要成分。幸好这两种动物的消化道里都有一种特殊的细菌来帮忙干这活儿。结果是：大家都有饭吃。

消化纤维素的细菌

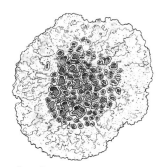

合二为一

很久以前，某种陆地上的真菌和某种水生的光合藻类发现，如果它们形成一个永久的复合体，它们彼此的生存空间都将大大增加，于是它们就合伙过日子，形成的共同体就是地衣。水藻进行光合作用提供能量，真菌使得这个生物体依靠很少量的水就能生存，不会干枯而死。这对组合可以依附在岩石以及其他条件恶劣的表面，从沙漠到北冰洋，它们无所不在。它们中的任何一个都不可能独自完成这样的任务。

鸟栖牛背

啄牛鸟把寄居在犀牛或其他大型食草动物的皮肤皱褶里的蜱虫，以及其他的寄生虫当作美食。鸟儿享受了免费的午餐，犀牛得到了免费的杀虫服务。犀牛还获得了额外的好处，就是当有天敌靠近时，鸟儿们会冲天飞去，大声地向犀牛示警。

时间一长，军备竞赛也会缓和下来。原来敌对的双方改善关系成为合作伙伴，大家各显其能并且齐心协力，遗传信息也拿出来分享。这种关系叫作共生（见第 30 页）。

共生关系起始于土壤里的细菌对豆科植物（三叶草，苜蓿和各种豆类家族成员）根部的入侵。在细菌的刺激作用下，植物的根部膨大并形成结节，入侵的细菌便在此寄居。细菌从植物那里获取糖分，而植物从细菌那里得到基本生存物质氮。在生物界，这种物质交换极有价值，尽管空气中的氮气含量丰富，但是植物并不能直接利用这种气态的氮。然而细菌却可以把气态氮转换成土壤里的氨和硝酸盐，植物可以利用这些形式的氮来合成自己的氨基酸、核苷酸等物质。如果没有这种共生关系，氮就不可能进入生物世界维持多细胞有机体的生命活动。

共生关系展示了把遗传信息集聚成"块"后迸发的强大力量。不同物种的基因相互合作产生了对大家都有利的进化飞跃，远比守株待兔地坐等基因突变来改变生物体有效得多。

习惯也能遗传吗？

拉马克 对 **达尔文**

让－巴蒂斯特·拉马克对物种进化这一科学思想的发展所做贡献是值得一提的，他对以绝对不变的神创论为基础的思维和判断模式转向对事物之间的关联和事情的起因提出质疑并进行深入思考。他提出的观点认为，物种随时间而发生改变，所有的物种之间都有亲缘关系——这基本上就是最早的进化论了。拉马克最出名的学说是如今已经被认为是谬论的"获得性遗传学说"——一个生物体的生活经历可以遗传给后代；如果某生物体通过锻炼获得了有益的成果，它的后代会继承这种成果。

达尔文对拉马克的物种间有亲缘关系和物种在变化的观点十分欣赏，这些观点都和他自己的小变化积少成多，最终导致大改变的理论一致。尽管达尔文不能解释物种为什么千差万别（那时基因遗传学还没有诞生），因而无法完全排除获得性性状也可以遗传的可能性，但是他还是肯定地认为，进化并非由生物的意愿所驱动。物种持续地变化，那些碰巧发生了更能适应环境的变化的物种会产生更多的后代，因此它们那类生物才得以生存、繁荣起来。

拉马克和达尔文的理论的根本分歧在于是否存在刻意的设计。拉马克尽管承认了物种在变化，但是他无法放弃进化的背后有高手策划的观点。达尔文则认为自然选择是进化的强劲推动力，虽然无心，却给人造成了有意的假象。

达尔文主义以压倒式的优势战胜了拉马克理论。在过去的五十年里，越来越多的证据强有力地确认了遗传信息在生物界只能是单向传递的普遍真理：从DNA到RNA到蛋白质，环境不可能通过影响蛋白质来改变DNA。

长颈鹿的脖子为什么那么长？关于性状的形成的两种理论

拉马克的理论

以前当有足够多的树叶给长颈鹿吃的时候，它们的脖子很短。

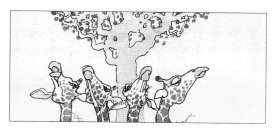

过了一段时候以后，长颈鹿把低处的树叶都吃光了，只剩下高处的树枝上还有树叶。

长颈鹿必须拼命地伸长脖子去够高处的树叶。

被拉长了的脖子作为一种遗传性状传给了后代，产生了长脖子的长颈鹿。

达尔文的理论

以前当有足够多的树叶给长颈鹿吃的时候，它们中的大多数脖子都很短，但的确有少数脖子比较长。

过了一段时候以后，长颈鹿把低处的树叶都吃光了，只剩下高处的树枝上还有树叶。

短脖子的逐渐都由于缺乏食物而死去，长脖子的幸存并繁衍后代。

最后只剩下长脖子的长颈鹿。

实验验证进化论

实验验证进化论

　　直到 20 世纪 40 年代，人们还不相信细菌这种地球上最丰富、最古老的生物也遵循进化论。细菌的繁殖、变异的速度之快，使得人们认为它们的遗传性状可以直接被环境改变（拉马克模式）。曾获诺贝尔奖提名的生物学家萨尔瓦多·卢瑞亚（Salvador Luria）却怀疑细菌和长颈鹿一样遵循达尔文的进化论。1943 年在一次校友舞会上，他在看别人玩老虎机的时候突发奇想，设计了一个实验让这个问题有了定论。

卢瑞亚的问题

　　某些病毒可以杀死细菌。如果给细菌提供养料，让它们在装有液体培养基的试管里生长一天，液体将变浑浊，因为里面的细菌数量暴涨至十亿左右（每隔半个小时左右细菌就分裂一次）。如果你往试管里加入能够杀死细菌的病毒，20 分钟内所有的细菌都将死亡。不过且慢！一天之后试管里又有了十亿个细菌，因为个个都对病毒有免疫力。这种免疫力是病毒造成的（拉马克的答案）呢，还是偶尔一个细菌随机地获得了免疫力（不论病毒存在与否）得以繁殖产生了一个新的对病毒有免疫力的种群呢（达尔文的回答）？

实验

　　卢瑞亚把等量的对病毒敏感的细菌加入 100 个含有培养液的试管里。细菌生长了一天之后，他又准备了 100 个培养皿，每个培养皿里都富含养料和能杀死细菌的病毒的胶冻状物质。他把每个试管的内容物都平铺到培养皿中，不论细菌落在培养皿中什么地方，它都可以站稳脚跟，生长繁殖。一天以后凡是对病毒具有免疫力的细菌都会增殖形成一团细胞，在培养皿中就是肉眼可见的一个斑点。

推理

　　卢瑞亚推断：如果细菌的免疫力是后天获得的，也就是说，它们是在和病毒打交道的过程中不知怎么地就"学会"了如何避免被病毒杀死的厄运，那么各个培养皿里的细菌斑点数应该是差不多的，因为所有的细菌都面临同样的来自病毒的挑战。但是如果这种免疫力来自细菌本身的随机变异（这种免疫力自发产生，和病毒的存在与否并无关系），那么这 100 个培养皿中将会发生的情况就各不相同。大多数培养皿中什么都没有，有的盘中会有几个菌斑，长满菌斑的培养皿会十分罕见。

　　卢瑞亚进一步推断：突变是罕见的现象，大约每 500 万个细胞里会发生一次。如果细菌在被放入试管之后很快就发生突变，那个获得了免疫力的细菌会有足够的时间来繁殖，产生大量的后代；那么培养皿中会有许多菌斑——中"大奖"啦。突变发生得越晚，培养皿中的菌斑就越少。当然如果许多试管里压根就没有突变的细菌，培养皿中自然什么也长不出来。

结果

　　和卢瑞亚预测的一样，有菌斑的培养皿中菌斑的数目差别巨大，大多数培养皿中空空如也。这说明细菌获得免疫力的突变是随机产生的，与病毒是否存在没有关系。

老虎机和细菌有什么相似之处？

卢瑞亚实验设计的灵感来源

在老虎机上赢钱是罕见的事件。

但是如果你通宵地玩很多台老虎机，你赢钱的概率会增加。你在一些机器上一无所获，在另一些机器上赢点小钱，极少数的机器会让你赢大钱。

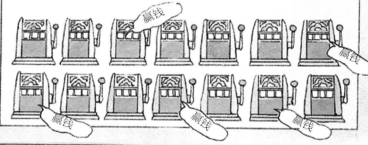

在某个细菌的种群里发生基因突变使细菌获得对病毒的免疫力也是罕见的事件。

但是如果很多个细菌种群彻夜繁殖，它们中的某些发生突变的可能性就会增加。

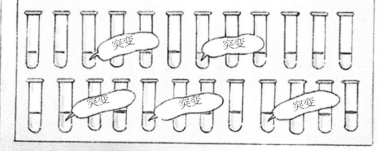

卢瑞亚意识到突变发生的时间点很重要。

较早发生突变的细菌会产生大量的后代（中大奖了），因为突变菌的后代有整晚的时间繁殖。较晚发生突变的细菌用来产生后代的时间很短，所以到了清晨，试管里它的后代的数量也较少。这就是这个对进化论有盖棺定论式验证意义的实验的设计思路。

亲缘关系的证据

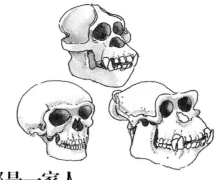

这是什么年代的？

生命的历史都记录在地球上一层层的岩石里，就像是一页页的书一样。通过确定岩石的年代，古生物学家就可以确定岩石里曾经有生命的古生物的化石年龄，科学家可以知道它们生存的年代。因为岩石中天然存在的铀元素在几十亿年里以恒定的速度衰变成铅，那么通过测量岩石里铀和铅的相对含量就可知道岩石形成的年代。

放射性碳定年法

由于宇宙射线强烈辐射大气中的氮，产生了少量放射性碳元素（碳 -14）作为二氧化碳的一种组成成分进入了所有生物的组织内部。生物死后，它们体内的放射性碳元素缓慢地衰变，释放出射线。其中一半的放射性碳元素在 5 730 年内衰变了，而剩下的另一半的一半在下一个 5 730 年内衰变，以此类推。（一半的放射性物质衰变所需的时间被称为半衰期。）

测量曾经存活的生物组织，比如骨骼、皮肤和毛发里的放射性碳元素的含量，可以确定该组织的年龄。这种方法不适用于早于四万年的组织，因为这样的组织里放射性碳元素的含量太低，难以准确测量。

比较解剖学

这些分别属于人、大猩猩和红毛猩猩的头骨显然是有关联的。它们的解剖学特征能给谁和谁的亲缘关系更近提供一些线索吗？

都是一家人

我们知道了所有的动物和植物都有亲缘关系，因为大家都用同一套基因密码，都以相似的分子机制来进行生命活动。可是科学家们是怎么确定两个物种之间的亲缘关系到底有多近的呢？也就是说它们共同的祖先生活在什么年代？多长时间以前它们是同一种生物？

在几百万年的时间里，总体上基因以比较恒定的速度积累着各种突变，比较来自两个不同物种但是执行相同功能的基因中累积的突变的数目，就可以判定两者亲缘关系的远近：差别越小，关系越近。假如任何两个物种都有共同的祖先，把它们联系起来的最简单的方法就是绘制世系发生树。

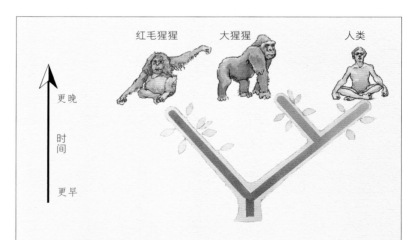

红毛猩猩　　大猩猩　　人类

更晚

时间

更早

绘制世系发生树

这个简单的世系图是通过比较图中三种动物的某个基因的核苷酸序列得来的：红毛猩猩、大猩猩和人。在这个基因的 75 个核苷酸中，人和大猩猩有 12 个不同，人和红毛猩猩则有 20 个不同。如果基因突变完全随机发生，并且在长时间内发生的频率稳定，那么这个世系发生树告诉我们人和大猩猩比他们两者和红毛猩猩的亲缘关系都更近。换句话说，人和大猩猩的共同祖先比这三种动物的共同祖先生活的年代距今更近。

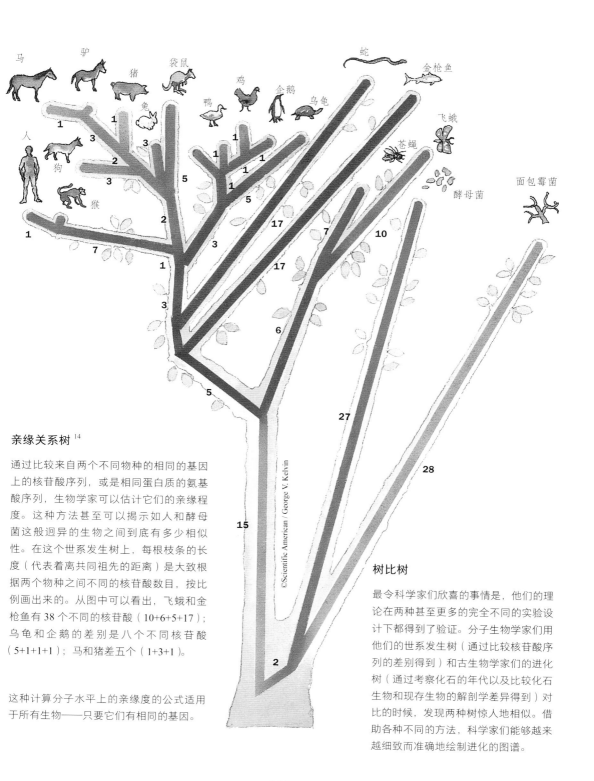

亲缘关系树[14]

通过比较来自两个不同物种的相同的基因上的核苷酸序列，或是相同蛋白质的氨基酸序列，生物学家可以估计它们的亲缘程度。这种方法甚至可以揭示如人和酵母菌这般迥异的生物之间到底有多少相似性。在这个世系发生树上，每根枝条的长度（代表着离共同祖先的距离）是大致根据两个物种之间不同的核苷酸数目，按比例画出来的。从图中可以看出，飞蛾和金枪鱼有 38 个不同的核苷酸（10+6+5+17）；乌龟和企鹅的差别是八个不同核苷酸（5+1+1+1）；马和猪差五个（1+3+1）。

这种计算分子水平上的亲缘度的公式适用于所有生物——只要它们有相同的基因。

树比树

最令科学家们欣喜的事情是，他们的理论在两种甚至更多的完全不同的实验设计下都得到了验证。分子生物学家们用他们的世系发生树（通过比较核苷酸序列的差别得到）和古生物学家们的进化树（通过考察化石的年代以及比较化石生物和现存生物的解剖学差异得到）对比的时候，发现两种树惊人地相似。借助各种不同的方法，科学家们能够越来越细致而准确地绘制进化的图谱。

智力的进化

第一部分称作 R 区（R 指代 Reptile，爬行类），是最古老的部分，从脑干的上端延伸发展而来。这部分脑区掌管我们的地域主权意识、交配行为以及斗争性，是我们的基本生存脑区。

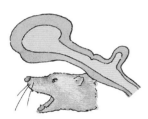

位于 R 区之上的是边缘系统（在最早出现的哺乳动物身上发育形成），掌控着我们的情感状态，是我们的"感情脑区"。

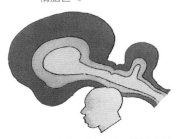

大脑皮层厚厚的、位于大脑最外层的脑区，是我们的"思考帽"。有了这样的新脑区，我们发展出许多使我们成为独一无二的人类的特质。

基因与大脑

在进化史上没有哪个器官像人类的大脑那样高度发达。从 500 万年前我们那还属于古猿类的祖先，到 20 万年前首次出现的现代人类，人类的大脑容量以每 10 万年 16 立方厘米的速度扩增着。虽然大脑在不断增加新容量，但是调控身体各部位以及本能反应的脑区基本都照原样保留，新的回路不过是在原有的基础上叠加而已（如左图）。

在某一点上人类突破了一个阈值：人脑内的信息量超过了基因里的信息量。一个人的 DNA 里有 30 亿个核苷酸，姑且称之为信息小单元吧；而如果把两个神经细胞之间负责传输数字化信号（是与否，开与关）的单个的连接定义为一个信息单元的话，我们每个人的大脑里都有 10 亿个这样的信息单元。

我们这新添的脑组织带有灵活性很强的硬件设施。随着生活经历的增加，我们的大脑可以调整它的神经细胞之间的连接方式——这是学习能力的基本物质基础。由于学习带来的巨大优势，我们祖先中出色的学习者获得了勃勃生机，且子孙满堂。早期的人脑处理的是与生存和繁衍相关的问题，后来新添的神经系统越来越多地涉及如好奇心和创造力等更为抽象的领域。

语言很可能是分阶段进化的。起初是简单的呼叫，然后是用来指示特定的事物（也就是有了命名的功能），再后来用来表述思维想法。我们通过语言将思维不断推进的能力是一个极好的正反馈的实例。一个灵感引发下一个创意，我们大脑里的神经细胞也不断形成新的连接，这又为进一步提高我们的理解力开启新的门户。有人说不仅是人类发明了语言，语言也造就了人类。

人类的意识，比如语言的进化，很大程度上依赖于合作。具有相似的复杂度的大脑互相交流，将彼此都提升到更高的思维水准。在这个进化期，也就是最近一万年左右的时间里，我们有了自我和时间这两种意识。"自我"意识使得每个人都感觉到"我"的存在，例如他或她自编自演的剧情里的演员。一个有意识的人给原本完全主观的生活带来一些客观的度量。随着意识的出现，人类拥有了审视自身的智慧。

有了对过去、现在和未来的想象力，我们的祖先能够审视过去，展望未来。农业、历法以及大批其他的文化新现象都从这样的认知层面上涌现出来了。[15]

我们所具备的前瞻能力以及对生物可能的境况的想象能力赋予

了我们一种天然的本领——抉择，它对世界产生的影响意义深远。
我们的抉择不仅限于针对自己的生活，而且还要对整个地球生物圈
负责，从某种程度来说这是我们的祖先想也想不到的吧。

大脑皮层看似对称，但它的两个半球
处理信息的方式却很不相同。一般说
来，左半球有逻辑地、逐步地、简化
式地思考问题；而右半球的思维方式
更具空间性、囊括性和整体性。

文化的进化 [16]

基因和想法

我们现在来看看由进化驱动的信息积累的最远范围：通过文化传播思想。

思想，如生物界出现的新事物一样，似乎遵循着进化的规则。它们从几乎是不经意的缕缕思绪、言论、文墨之中产生，有些出类拔萃的会被选择和转载，其余的则被淘汰。产生在一个大脑中的想法能被传播到其他大脑，并在此过程中不断演变。于是，那些传播的最好的想法能够生生不息，在全世界的图书馆和 CD 收藏中得享永年。

任何明确的、有意义的想法都可以加入竞逐：汽车前灯、微芯片、匹诺曹、代数、自然选择，以及那让你又爱又恨却又挥之不去的电视音乐都在此列。对于一个想法来说，首要之事就是要传播自己，而它究竟是否能带来任何益处就无关紧要了。一个想法越能深植于众人的头脑，它生存的可能性就越大。

随着各种想法的迅速传播，文化也随之进化，大大加快了世界上各种变化的速度。它给了我们各色的工具，而我们用这些工具扩大了交流的范围，延长了的生命，并且能从生物圈摄取越来越多的材料和能量。然而，文化必须适应于大自然。现在，几乎不论用哪种标准来衡量，都显示我们所生活的自然环境面临极大的压力。很多生物已经无法跟上由我们产生的变化的步伐，因为它们的消失使得生物灭绝的速度正在不断上升。进化告诉我们，适用于一种环境的想法不一定也适用于另一种环境。换句话说，那些使我们从众多生物中脱颖而出的想法未必能让我们保持现在的状态。

如今，一些曾经是我们的最"成功"的创意已经开始威胁自然界的生态平衡，所以我们需要重新审视它们，并做出能够有益于整体生态系统的选择。这种选择被生物学家 E. O. 威尔逊称作"biophilia"，他将其解释为我们与生俱来的、与世间生物的亲近感。威尔逊写道："探索生命、与世上其他生物建立休戚与共的关系是人类的心智发育中一个深刻而复杂的过程。从哲学和宗教的角度来看，人类的这种倾向仍然或多或少地被低估，然而我们的生存依赖于它，它织就了我们的精神，人类的希望也从它的激流中升腾而起。"

也许对这一真理的日渐明了将是我们可以传给后代最宝贵的遗产。

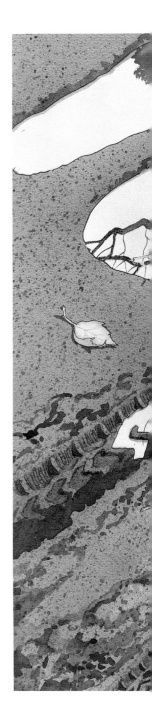

我们给自然世界留下的印记越深，我们对它的责任也越大。

注释

在写作本书的过程中，我们参考了许多文献资料，在此不能一一鸣谢，仅列举作为最主要的信息来源的两部著作。《细胞的分子生物学》（*Molecular Biology of the Cell*）这本书的作者包括布鲁斯·阿尔博斯、丹尼斯·布里、朱立安·路易斯、马丁·拉弗、科斯·罗伯斯、詹姆斯·沃森，由加兰出版公司（Garland Publishing）在 1994 年出版。另一个很有帮助的信息来源是克里斯汀·德迪夫（Christian de Duve）的《活细胞之旅》（*A Guided Tour of the Living Cell*），1984 年由美国科学图书馆出版。

第一章 模 式

1　在 1986 年出版的，林恩·马古利斯（Lynn Margulis）和多蕾昂·萨甘（Dorion Sagan）的《小宇宙》（*Microcosmos*）一书中十分出色地讨论了我们的微生物祖先的贡献。

2　这个隐喻来自细胞生物学家和作者罗里森·库德摩尔（L.L. Larison Cudmore）。

3　大象还通过它们巨大的、血流丰富的耳朵获得更多的体表面积——又一个大自然的"富有创意的错误"。

4　这个比喻来自 1992 年由 Simon & Schuster 出版的 M·米切尔·沃德罗普（M. Mitchell Waldrop）所著的《复杂性》（*Complexity*）一书。

5　在 1979 年出版的《心灵与自然》（*Mind and Nature*）一书中，格雷戈里·巴特森（Gregory Batson）有力地论证了生物具有自我纠错的倾向。

6　通过有机体的诞生和死亡，生态系统也在不停地更新。个体来来去去，但种群的总体特征保持相对稳定。

7　最近科学家已经把注意力集中在被称为嗜热菌的单细胞微生物上，在温度高于水的沸点的海底热气出口和温泉里它们都可以旺盛地生长。有证据表明，这样的生物是地球上最早出现的生命形式。

8　刘易斯·托马斯和林恩·马古利斯与其他诸人，就共生现象的进化史广泛地著述。另一个有趣的研究方法出现在罗伯特·阿克塞尔罗（Robert Axelrod）1994 年出版的《合作的进化》（*The Evolution of Cooperation*）一书中，其中作者使用博弈论来证明合作作为一种生存策略的有效性。

9　由林恩·马古利斯力主的"线粒体曾经入侵细菌"的理论现已被广为接受，"线粒体有自己的 DNA"且不同于细胞核 DNA 的科学发现是该理论的有力证据。

第二章 能 源

1　可见光仅仅占据电磁光谱上一个微小的区间，却具有恰如其分的能量值来激发电子使其进入更高的轨道，这是能量转换过程中必不可少的第一步（低频红外光缺乏强度，而高频紫外光携带的能量太高，总有打断化学键并因此破坏分子正常功能的危险）。

2　取自于海兹·帕各斯（Heinz Pagels）1983 年出版的《宇宙密码》（*The Cosmic Code*），当中使用的比喻也有助于阐明热力学第二定律的统计学本质。单个跳蚤，像单个原子或分子那样，随机移动。但是如果存在这么一只没有跳蚤的

注释

狗，跳蚤的整个群落将沿一个方向流动——从集中在一条狗身上的有序的状态转变为分散于两条狗身上的更为随机的状态，直到达到稳态。类似的，原子和分子也总是倾向于从更密集状态流向更分散的状态。它们在相反方向上流动的概率是非常小的。因此，事件的单向性（包括时间本身）起源于物质的原子和分子的统计学行为。

3 这些有机体通过将所有其他生物的组成成分转化为土壤中的可重复使用的物质形式来完成材料的循环，这些物质便可以再次被植物吸收。如果分解者停止工作，地球上的所有生命将很快停止运转。

4 如我们在第一章的注释 7 中所提到的，有许多种类的生物（主要是细菌）可以在没有阳光的帮助下自我构建。这些生物中的某一些可能就是最古老的生命形式，它们通过糖酵解过程将腐烂生物中的有机物质（即短的碳链，如糖）转化为 ATP，进而获取自己的生物有机成分（参见第 70 页）。另一些生物可以采用简单的无机分子为原料产生高能电子和 ATP；然后它们利用电子、氢离子和 ATP 转化二氧化碳，非常像光合作用中最后的步骤。这些生物的许多习性在我们的星球的生态学中发挥重要作用，约翰·波斯特盖特（John Postgate）在 1994 年出版的《生命的外延》（*The Outer Reaches of Life*）一书中对它们进行了非常引人入胜的描述。

第三章 信 息

1 这种普遍性也有例外。通过混合和匹配，细胞可以通过将相当小数目的基因区段拼接在一起而产生大量不同的蛋白质。

2 这四个字母（A、T、C、G）是数字化系统的基础。数字化系统的一个优点在于，即使在信息自我复制产生了多个副本之后，信息也不会降级。如果你复制一张光盘，然后制作一份副本，等等，第 100 个副本听起来几乎和原来一样真实。对于唱片或盒式磁带来说却并非如此。

3 在 20 世纪 70 年代后期，科学家发现了令人惊讶的事实：与我们已探明的、发生在细菌中较为简单的情况不同的是，在更高等有机体（真核细胞）的更大有核细胞中，基因被一些长的且不编码蛋白质或蛋白质的一部分的核苷酸序列中断。编码蛋白的序列称为外显子，而非编码序列称为内含子。为了制备完整的蛋白质，必须先从含有外显子和内含子的 DNA 片段制备出长 RNA。在胞核内，RNA 剪接酶切除内含子，并将外显子连接在一起得到信使 RNA；信使 RNA 离开细胞核并在细胞质中的核糖体上被翻译成蛋白质。

现在广为流传的假说认为，基因的这种断裂性是一种最古老的属性。现代的细菌为了更有效地生长，在其外显子功能完备之后丢弃其内含子。在长长的、无意义的 DNA 段中，某些片段（外显子）进化的结果是能够编码蛋白质的某种有用的属性（特殊形状，特殊亲和力等）。

于是下一步的机制 (RNA 剪接) 也应运而生了，有用的片段被连接在一起成为终产物蛋白质。模块拼接法的优点在于各个片段可以以不同的方式组合，因此产生多种多样功能各异的蛋白质。

第四章 装 置

1 在之前的内容中，我们把核苷酸比作字母，把基因比作段落。现在我们可以扩展这个比喻，把每个三字母代码比喻成一个词，一个词翻译

注释

成一个氨基酸。

2　在 1990 年出版的《走向真理的习惯：在科学中生活》（*Toward the Habit of Truth: A Life in Science*）中详细叙述了 1950 年代马伦·霍格兰、保罗·查美尼克（Paul Zamecnik）以及他们在马萨诸塞医院的同事们发现氨基酸活化和转运 RNA 的故事。

3　为了清楚起见，我们表述成一个基因翻译成一个蛋白质。实际上许多蛋白质的最终功能形式是多聚体：两个或多个单独的蛋白质紧密地配合在一起。

第五章　反　馈

1　因为反馈系统将自己的状态视为信息，有些人认为它像大脑中枢一样调控着所有生物体和生态系统的运行——人类的中枢中也有它的存在。格雷戈里·贝特森在《心灵与自然》中发展了这一观点。

2　我们对变构机制的理解应归功于美国的亚瑟·帕迪（Arthur Pardee）、埃德温·安巴杰（Edwin Umbarger）和法国诺贝尔奖得主雅克·莫诺（Jacques Monod）。莫诺于 1971 年出版的著作《偶然性与必然性》（*Chance and Necessity*）涵盖了与本书中涉及的多个主题相关的科学和哲学背景知识。

3　巴黎巴斯德研究所的雅克·莫诺和弗朗索瓦·雅克布（François Jacob）是研究阻遏分子如何调节蛋白质合成的先驱者。他们在 1965 年因为这项工作共享了诺贝尔奖。

4　淡水生态循环的自控性质在巴里·康芒纳（Barry Commoner）与 1971 年出版的《封闭的环》（*The Closing Circle*）中有所描述。针对

"生态系统不是作为单个回路而是一个网络系统来运作的"，科学家、发明家詹姆斯·洛夫洛克（James Lovelock）提供了大量实例来证明，地球生态系统是以一个由许多反馈回路组成的大规模网络的方式来运作的（*The Ages of Gaia*，WW Norton，1990）。

第六章　社　群

1　这个名词源自罗伯特·赖特（Robert Wright）的于 1988 年出版的《三个科学家和三个上帝》（*Three Scientists and Their Gods*）和 E.O. 威尔逊于 1971 年出版的《昆虫社会》（*The Insect Societies*）。

2　这部分内容大多依据约翰·泰勒·邦纳（John Tyler Bonner）于 1955 年出版的《细胞与社会》（*Cells and Society*）。

3　不是所有的信号都来自胚胎内部。在哺乳动物中，来自母亲的信号通过胎盘血流传递到胚胎。在某些物种中，与卵相邻的养护细胞指示卵开始发育。在蜂群中，蜂王通过决定哪些卵子受精来控制蜜蜂的性别。未受精卵将成为雄蜂；受精卵将成为雌蜂。在某些情况下，温度作为一个信号控制温度高的鳄鱼蛋发育成雄性，温度低的成雌性。

第七章　进　化

1　很多时候进化论者发现，自己与那些认为"生命一定是经过精心的设计才会如此复杂而又美丽"的人意见相左，"设计"一词意味着"预先策划"，这是一种误导性的说法。经验丰富的设计师，艺术家和科学家都知道设计不是这个意思。要创新就一定要善于利用突发的事

注释

件、偶然的巧合、意外的收获等。换句话说，设计必须引入随机因素，否则不会产生任何新事物。

2　在强调地质变化的渐进性时，哈顿和他的追随者可能低估了过去灾难在生命进化和灭绝中的作用。化石记录了因气候剧变、陨石的撞击等引起的几次大规模物种灭绝的故事。每一次大灭绝过后又会出现许多新的机遇，随之带来了新物种的大爆发。在《奇妙的生命》（*Wonderful Life: The Burgess Shale and the Nature of History*）一书中，史蒂芬·杰·古尔德（Stephen Jay Gould）波澜壮阔地描述了寒武纪物种大爆发的情形。

3　早在 1844 年达尔文就已经把他的观点撰写成文，但由于这些观点实在是太过惊世骇俗，他出于谨慎，迟迟未予发表。1850 年，阿尔弗雷德·罗素·华莱士（1823—1913）也独立创立了同样的学说，并写信告知达尔文。1855 年他和达尔文联名发表了他们的学说。

4　那些小的、地理上孤立的种群内部固有的创新性可能类似于那些艺术家的圈子，如 19 世纪末的法国印象派和 20 世纪 50 年代的美国抽象表现主义。这两个艺术流派都形成自己的小圈子，与主流的博物馆、评论家们不相往来，只在本群体内部自由地交流思想，然而他们都在短时间内引发了重大的新动向（也就是重大的改变）。

5　复制子的想法来自理查德·道金斯的《自私的基因》（*The Selfish Gene*）。这本书和他后来的《盲眼钟表匠》（*The Blind Watchmaker*）和《伊甸园外的生命长河》（*River Out of Eden*）都是陈述进化的理论和证据的上乘佳作。

6　这个假想的实验来自莱迪亚德·斯特宾斯（Ledyard Stebbins）的著作《从达尔文到 DNA 分子到人性》（*Darwin to DNA Molecules to Humanity*）。

7　在此我们通过比喻的手法想要阐述的最主要的观点是：（1）即便是乱戳乱敲，次数多了之后也会一点一滴地产生一些有用的或有意义的字母序列，即信息；（2）经过挑选，信息开始积累增加；（3）某个层次上的复杂度为下一个更高的层次所能到达的复杂度奠定基础（工程师称之为"引导"）。一旦我们意识到猴子们使用的计算机是人类的发明创造，而又是我们人类设定了最终的目标——十四行诗，这个比喻显然就站不住脚了。

8　写了《盲眼钟表匠》的理查德·道金斯通过雄辩推进了这个想法。

9　把基因打上"更好"还是"更差"的标签通常取决于它编码的蛋白质在其特定环境中功能发挥得如何。环境一变，蛋白质就有可能不再适应，而没有哪种环境是静止不变的。哪怕最适应环境的生物都可能被火山，地震，冰川，陨石和大陆漂移等毁灭。

10　"花的颜色由单独的一个基因决定"这种说法恐怕是把问题过度简单化了，但是用来表述这里的观点应该是可以的。同样，这里所说的白花意味着没有色素沉着，而不是通常意义所指的那种能反射我们看不见但蜜蜂能看见的紫外光的白花。

11　在生物学家中，生物是否不可避免地向着越来越多样和复杂的方向进化仍然是一个有争论的议题。化石证据表明，有些生物上亿年以来的确没有什么变化（比如说马蹄蟹）。尽管如此，总体上来说生物进化的方向是更多样，更复杂，更交集，这是很难否认的。

注释

我们还可以看到的另一种进化趋势是更抽象。在以已有的更简单的系统为基础构建起来的系统中，比如进化，"附加组件"倾向于以从逻辑上讲更抽象的方式进行运作，即更间接地操作。调节基因（参见"基因开关"，第164页）提供了一个很好的例子。这些基因掌控其他基因——产生工作蛋白质的基因，并且必须在工作基因之后进化。更进一步的进化带来的就是控制一整套调节蛋白质的调节蛋白质。这种等级严明的调控方式似乎才是杰作的核心特质。

12 彼得和罗斯玛丽·格兰特对雀类进行详尽无遗的研究的故事都书写在《鸟喙》（*Beak of the Finch: A Story of Evolution in Our Time*）中。

13 同样可以说，单个基因的主要环境是其他基因。事实上正是在这个分子水平上，我们看到了最基本的合作。

14 这种系统发生树的依据是对细胞色素 C 中的氨基酸序列的分析结果，细胞色素 C 是在图中所示的所有生物体内都存在的蛋白质。该项目研究者是沃尔特·菲奇（Walter M. Fitch）和伊曼纽尔·玛高利亚斯克（Emanuel Margoliask），论文发表在 *Science* 155,279-284,1967。

该树的修改版出现在弗朗西斯科·阿亚拉（Francisco Ayala）的《进化的机制》（*The Mechanism of Evolution*，*Scientific American*，第239页，1978年9月）。我们的版本源于后者。如阿亚拉所述，"树枝上的数字是细胞色素 C 的基因的 DNA 中差异核苷酸的最小数目，这差异导致了我们看到的氨基酸序列的差异。"

15 关于大脑进化的优秀作品有 E. O. 威尔逊的《论人的本性》（*On Human Nature*）；朱利安·杰尼斯（Julian Jaynes），霍顿·米夫林（Houghton Mifflin）的《二分心智的崩塌：人类意识的起源》（*The Origin of Consciousness in the Breakdown of the Bicameral Mind*）；史蒂芬·平克（Steven Pinker）的《心智探奇》（*How the Mind Works*）。

"人类的大脑经历了三个不同的演变阶段"的想法是由保罗·麦克莱恩（Paul D.Maclean）在 *Astride the Two Cultures* 中提出的，由哈罗德·哈里斯（Harold Harris）、哈钦森（Hutchinson）于1976年编辑。在讨论爬行类、哺乳类和人类的大脑之间的显著区别时，我们的描绘显得有点把问题过度简单化了。在当代各物种之间，大脑显示出更精细微妙的渐进与重合关系。

16 如果想要对这个问题做进一步的探讨，见丹尼尔·丹内特（Daniel C. Dennett），《意识的解释》（*Consciousness Explained,* Little, Brown, 1991）。

译者后记

　　生命，色彩缤纷，千奇百怪。千百年来，人们对于生命本质的探求，很大程度上来源于对它那无与伦比的多样性的痴迷。诸多的志怪小说，山川游记和探险手册，都为或真实或想象的生命形式贡献了大量的篇幅。然而，《生命的运作方式》这本书却是反其道而行之，它的专注之处，恰恰是无限的生命的共通之处。事实上，大到遨游海洋的鲸，小到肉眼难见的细菌，都有极多的共同点。深入细胞和分子的微观层次，各种生命对于能量的转化，对于遗传物质的传承，对于很多方方面面，都共享着同样的机制。

　　其实讲述生命同一性的书籍并不算少。那么，这本书又有何不同呢？直观之处显然是那无所不在而又形神皆备的插图。事实上，这本书的两位作者，生物学家马伦·霍格兰和画家伯特·窦德生，在创作中是平等互补的关系。正如"作者手记"所言，这两位在创作中不断互相砥砺，互相学习，如此才使得本书这样直观而又生动，才能使得插图不光是锦上添花，而是成为理解本书不可或缺的一部分。这本书另外一个特点，是它那生动诙谐却又异常精准的语言和比喻——把叶绿体中能量传递和电子转移的过程比作狂热舞厅中舞伴们的分合重组（见第二章），使读者能够很容易地理解这个颇为艰涩的主题。这样的例子在书中比比皆是，使得读者的阅读过程非常愉悦。

　　我们十分有幸，受后浪出版公司之邀来翻译这本《生命的运作方式》。我们两人都是九十年代的生物专业学生，毕业多年以来也一直从事和生命科学相关的职业。原本认为翻译本书不会是很大的挑战，谁知真做起来才发现"站着说话不腰疼"。要把原作者那诙谐的语言和有趣的比喻准确地为中文读者呈现出来，委实不容易。现在回头看过，很多地方的翻译还无法完全满意。唯望这本译作能够为更多的读者服务，让大家能更好地欣赏生命的美感。

　　在翻译的过程中，后浪的编辑给予了我们充分的宽容、信任和帮助。在此我们表示诚挚的感谢。

洋洲 玉茗

出版后记

在这个大千世界存在着千奇百怪的生命形式：翱翔天空的鹰雀、畅游海底的鱼群、随风奔跑的骏马牛群、还有默默生长的绿草红花……有谁能想到这些各式各样的生命都遵循着一套共通的规则，而这也正是《生命的运作方式》想要为我们揭示的关于生命的大秘密。

一名生物学家，一名画家，因为同样痴迷于生命，所以共同创作了这本科学与艺术结合的佳作。本书从微观角度逐级向上延伸，解释了宏观生命的运作原理与方式。首先，作者纵观全局，总结出生命的 16 种生存模式，然后从分子水平放大局部，讲解细胞的工作原理：植物的光合作用、能量分子的制造与消耗、DNA 的复制、蛋白质的合成与控制，等等。最后，作者从个体发展到群体，描述群体间的相互作用，并提出人类作为生物中能发挥最大影响的物种，应该在保护大自然方面承担更多责任。

本书中所有如上的讲解过程，都配上了形象风趣的漫画，五颜六色的 DNA 模拟片段和可爱的蛋白质小人偶俯拾皆是。作者通过丰富的想象力，令艰涩枯燥的生物知识变得幽默易懂。书中还穿插了很多生物学研究历史的小专栏，读者在了解生物知识的同时，也能认识和知晓在生物学方面贡献过伟大智慧的历史人物和研究趣事。

读者阅读本书后会知道，"组装"一只苍蝇并不比组装一架波音 747 容易，蜘蛛的网并不是随便编织的，鸟类历经了复杂的进化过程才具备现在这样的翅膀。生物特有的性状都有其存在的理由，都是为了更好地适应环境，让基因能够更久远地传播下去。

本书为我们讲述了那些千差万别的生物的本质，在微观尺度上展现了清晰的生物学知识。以日常生活中的常见形象为例，本书把分子的微观世界与我们肉眼所见的宏观世界联系起来。两位作者发挥各自的特长，帮助我们更加深刻地理解自然，更加充分地享受自然之美。希望此刻手捧本书的读者朋友，能更加完整地感受人类与生命世界的同一性，理解生命的运作方式。

服务热线：133-6631-2326　　188-1142-1266
读者信箱：reader@hinabook.com

后浪出版公司
2018 年 11 月

图书在版编目（CIP）数据

生命的运作方式 / (美) 马伦·霍格兰, (美) 伯特·窦德生著; 洋洲, 玉茗译. -- 北京: 北京联合出版公司, 2018.12 (2024.7 重印)

ISBN 978-7-5502-9641-1

Ⅰ. ①生… Ⅱ. ①马… ②伯… ③洋… ④玉… Ⅲ. ①生物学—普及读物 Ⅳ. ① Q-49

中国版本图书馆 CIP 数据核字 (2018) 第 257280 号

The Way Life Works : the science lover's illustrated guide to how life grows, develops, reproduces, and gets along
Copyright © 1995, 1998 by Mahlon Hoagland and Bert Dodson.
Published in the United States by Three Rivers Press New York, New York. Published in agreement with the author, c/o BAROR INTERNATIONAL INC., Armonk, New York, U.S.A. Through Chinese Connection Agency, a Division of the Yao Enterprises, LLC.

本书中文简体版权归属于银杏树下（北京）图书有限责任公司

生命的运作方式

著　　者：[美]马伦·霍格兰　[美]伯特·窦德生
出 品 人：赵红仕
选题策划：**后浪出版公司**
出版统筹：吴兴元
特约编辑：陈莹婷　崔　星
责任编辑：张　萌
营销推广：ONEBOOK
装帧制造：墨白空间

北京联合出版公司出版
（北京市西城区德外大街 83 号楼 9 层　100088）
北京盛通印刷股份有限公司　新华书店经销
字数 252 千字　720 毫米 ×1030 毫米　1/16　16 印张　插页 4
2018 年 12 月第 1 版　2024 年 7 月第 7 次印刷
ISBN 978-7-5502-9641-1
定价：88.00 元

后浪出版咨询（北京）有限责任公司　版权所有，侵权必究
投诉信箱：editor@hinabook.com　fawu@hinabook.com
未经书面许可，不得以任何方式转载、复制、翻印本书部分或全部内容
本书若有印、装质量问题，请与本公司联系调换，电话 010-64072833